DSライブラリー

雷とサージ
発生のしくみから被害防止まで

音羽電機工業

橋本 信雄 著

電気書院

R ＜日本複写権センター委託出版物・特別扱い＞

本書の無断複写は，著作権法上での例外を除き，禁じられています．本書は，日本複写権センターへの特別委託出版物（日本複写権センター「出版物の複写利用規程」で定める特別許諾を必要とする出版物）です．本書を複写される場合は，すでに日本複写権センターと包括契約をされている方も，そのつど日本複写権センター（電話03-3401-2382）を通して当社の許諾を得てください．

まえがき

　今日われわれが当然のこととして使用している電気は、電気を発生させる水力発電所、火力発電所、原子力発電所などの発電設備から、それを輸送する送電線、変電所、配電線などで工場や家庭など電力を消費する需要設備へ送られている。特に我が国の電力需要は規模の拡大とともに大都市圏への集中化が進み、これに伴って電力供給設備もますます遠隔化、長距離化が顕著になってきている。こうして送られる電気は、途中で自然の条件を受けやすく、雷、氷雪、風雨、塩害などの自然災害による障害が多く、なかでも雷による被害が多くをしめている。また電力供給設備の事故時あるいは開閉時に発生する過渡的な過電圧により電気設備が被害を受ける。

　一方、医療、サービス業はもとより、一般家庭までコンピュータの利用には凄まじいものがあり、企業においてはFA化, OA化が最重点戦略になっており、これらの電源については瞬時電圧低下といえども、その機能はまひしてしまう。もちろん、雷に対する研究、観測などが長期にわたり多くの研究者が研究を進め、それにより防護対策を実施しているが、まだまだ未解明のものが多数あることは事実である。そこで、これら機器などの障害を防護する対策が提起されているが、特に雷は自然現象であることから障害を皆無にすることは不可能に近い。本書は現在までに解明されていることがらの概要を紹介するものであり、「1. サージって何？」で特性を述べ、「2. その発生源は」でどのようなことから発生するのか、「3. そしてその被害は」で被害はどこか、「4. 被害を防ぐには」ではその

基本防護対策を述べ,「5. そして実際は」で実際に行われている防護対策を,「6. 雷の観測」では観測装置のいろいろと誘雷観測を,「7. 展望」などを列記した.

なお,本書は,サージプロテクションの概略を述べたにすぎないので,詳細に必要な方には,それぞれの専門書あるいは発表資料をご参照いただきたい.本書の記述に当り,電気学会,電気協同研究会をはじめ,多くの方々の研究資料などを参考にさせていただきました.深甚の謝意とお断わりを申し上げますとともに,執筆に当ってご協力をいただきました関係諸氏に対しまして,深く感謝いたします.

1991年5月

音羽電機工業㈱

橋本　信雄

目　次

1　サージって何？ ……………………………………………… 1

2　その発生源は？ ……………………………………………… 3

2・1　雷サージ　3
2・2　開閉サージ　27

3　そしてその被害は …………………………………………… 40

3・1　電力設備　40
3・2　通信設備　61
3・3　半導体設備　65
3・4　その他の被害　69

4　被害を防ぐには ……………………………………………… 79

4・1　雷サージ　84
4・2　開閉サージ　105
4・3　サージに対する接地　107

5　そして実際は ………………………………………………… 115

5・1　電力系統　115

5・2　通信設備　126
5・3　半導体設備　131

6　雷の観測 …………………………………140

6・1　観測装置　140
6・2　誘雷による雷観測　159

7　これからの展望 …………………………………162

参考文献 …………………………………163

付録　関連製品 …………………………………165

1. サージって何？

　サージとは，電気回路や電気系統において，定常の電圧を超え瞬間的にあるいは断続的に発生する電圧（過電圧）のことで，このサージ電圧により電気機器は絶縁破壊や機能停止，劣化などいろいろな影響を受ける．

　ノイズは半導体など弱電機器にとってはサージに類するもので，ランダムに機器に侵入し，または機器から出ていくものであり，サージとノイズのちがいは図1・1によって示すことができる．

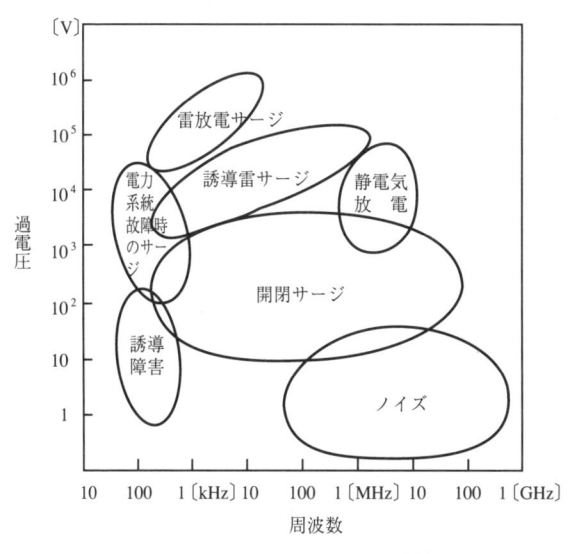

図1・1　サージ，ノイズの種類

図1・1よりわかるようにサージはノイズに比べて低周波,高電圧で,ノイズは低電圧であるが,これにより機器が誤動作を起こす要因となることがある.

このようにサージそのものの実態には,いろいろのものがある.

2. その発生源は？

サージ発生源として，自然現象に起因する雷サージと電気回路系統の過渡現象に起因する開閉サージ（電気系統では故障等に起因する過電圧があるが，ここでは開閉サージのみを取扱うことにする）に大別することができる．

2・1 雷サージ

雷放電がどういうものかは，稲妻を見たり雷鳴を聞くことで実感として受けとれる．

人間の目や耳では不十分でも，科学的なセンサや記録装置を使用すれば，より科学的に放電現象をつかむことができるし，雷が電気現象であることは，今では周知のことである．

しかし，このことがわかったのはそんなに古いことではない．電気が発見されたのは17世紀後半で，18世紀に入ってようやく摩擦電気の実験がさかんに行われるようになった．これらの実験で火花放電の研究が行われ，雷も摩擦電気が引き起こす火花放電と本質的には同じものであるという考えが出された．このことを確かめるために行われたフランクリンの「たこ」の実験は有名である．

フランクリンは雷雨のとき，「たこ」を上げて地上に電気をみちびき，雷雲が電気をおびていて，雷が電気現象であることを実証した．1752年のことである．

こうして，自然界の不思議の一つであった雷は大規模な放電現象であるということがわかり，その性質が科学的に調べられるように

(1) 雷雲の電荷分布・電荷の生成メカニズム

　空気の絶縁を破壊し，超大形火花放電である雷放電を起こす雷雲の電荷は雷雲セル（セルとは生物体の組織の単位である細胞の英語名）の中にどのように分布しているのだろうか？

　夏の成熟期のセルでは，図2·1(a)のように雲の上部にプラス電荷が広がり，マイナス電荷は，降水領域中の−30〜−20℃の範囲に比較的濃密に分布している．全体的にみるとプラス電荷が上層に，マイナス電荷が下層に分かれて分布している．このように，雷雲内の電荷は分布しているが，雷雲中での電荷の生成についての説明にはいろいろある．ここでは氷の表面における界面現象説について説明しよう．

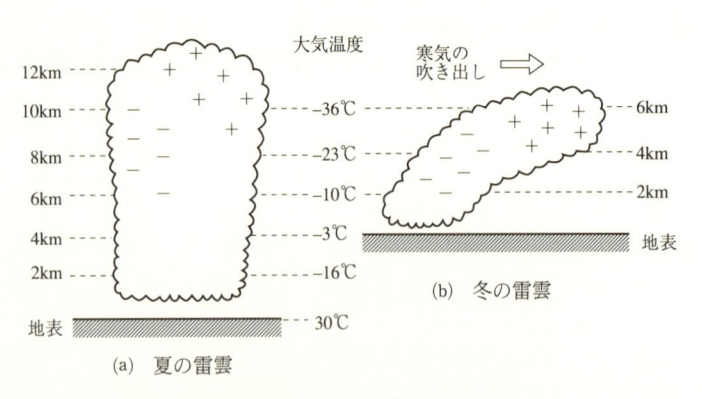

図2·1　雷雲電荷の分布・夏と冬の雷雲の比較

　電荷を分離・蓄積するには，正負互いに吸引する電気力にうちかって両者を分離する力が必要である．雲粒に働く上昇気流の風力と降水に働く重力がこの役割を果たしているが，半径4 mm以上には

成長しない雨滴に働く重力では電荷の分離に十分でなく，雷放電を起こすには至らない．半径 5 mm 以上の大粒のあられ・ひょうが大量に発生する雲の中で，はじめて有効な電荷分離-発電作用が働くようになり雷が起きる．このタイプの雲が雷雲で，上述のようにセル構造をとって発達，消滅する．

図2・2 に示すように上昇気流で雲がつくられるとき，気温が 0 ℃以下になっても水蒸気はただちに氷晶になるわけではなく，0～ーー10℃の温度範囲では，大気中に濃密（1 cm³ あたり数万個）に存在するエアロゾル（大気中の浮遊微粒子）に凝結し過冷却水滴となって雲粒となる．

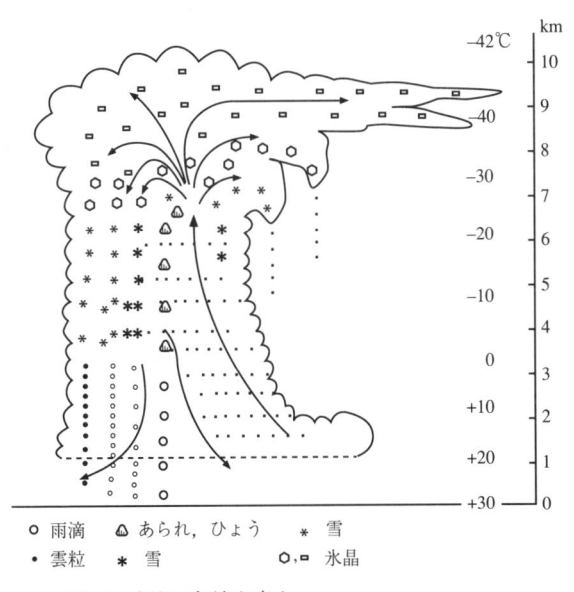

図2・2　矢印は気流を表す．
　　　　夏の雷雲内の降水粒子の分布（孫野，1980）．

上昇気流が-20～$-30°C$の上層に達するとはじめて水蒸気の氷結が起こり，氷晶核と呼ばれる特殊の浮遊粒子（分子構造が氷の結晶構造に類似した粒子）を核に氷晶雲粒が生成される．上昇気流がさらに継続すると，氷晶雲粒は急速に成長して半径5 mm以上の大粒のあられ・ひょうが生成されるので，雷を起こすに十分な電荷が分離される．

これが雷雲発生の必要かつ十分な条件であるから，冬季には地上高の比較的低い雲が雷を起こす．

図2・1(b)は冬の日本海沿岸に発生する雷雲（雷を起こす雲）で，シベリアからの寒気の吹きだしによる風が上層ほど強いため，図のように傾いた形となる．

以上，雷雲の電荷生成する説の一つを紹介したが，この他に，対流説，感応によるイオン選択説，相転移説等，雷の電荷発生に関する説は非常に多く発表されていて，その数は，電荷発生の研究を行っている研究者の数と同じだけあるとすらいわれているし，今日さらに研究が継続されている．

(2) **雷雲発生のメカニズム**

1949年，Byers, Braham氏は雷雲のセル構造とそのライフサイクルを図2・3のようにモデル化して示した．雷雲のセルが発生・成長・消滅するプロセスは，時間的に非常に速く経過し，発達の時期（発達期），さかんに活動する時期（成熟期），衰えて消滅するまでの時期（消滅期）の3期に分けられ，各期の継続時間はわずか15分程度である．図2・3は温帯夏季の雷雲のモデルで，地表気温30°Cの場合を示し，気温0°Cの高度，すなわち氷晶高度は地上5 kmにある．図2・3(a)は発達期のセルで，セル内にはいたるところに上昇気流があり，目で見るとモクモク成長する入道雲（雄大積雲）として観測される．

2·1 雷サージ

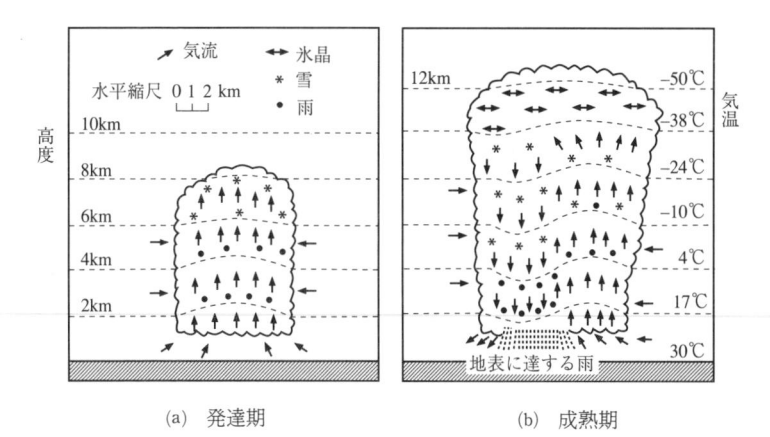

図2·3 雷雲セルの発達・消滅を示すモデル図

(a) 発達期 (b) 成熟期 (c) 消滅期

雲頂が地上高6 km，温度－10℃のレベルを超えるとレーダにエコーが現れる．エコーの高さが地表から8 km，気温－25℃の上層に成長するまでを発達期と呼ぶ．

雲内を航空機で横断すると、あられ・ひょうようの激しい降水が観測されるが、上昇気流に支えられ地表には届かない。

図2・3(b)に見るように、セルがさらに成長すると降水粒子はいっそう大きくなり、落下速度が気流の上昇速度を上回って大地に向かって落下をはじめ、やがて地表に強い雨が降りはじめる。降水に引きずられて下降気流が生じ、雲中には上昇と下降の気流の対ができる。上昇気流は発達期より強くなり、雲頂近くでは秒速30mに達する。

雲の高さは12km、場合によっては16kmにもなる。この高さになると雲は、"かなとこ雲"の形になり積乱雲と呼ばれる。雷放電活動はこの時期が最もさかんで、5秒から10秒に1回の割合で、ピカピカゴロゴロ雷放電をくり返す。地表の雨より、雷放電が早く、発達期の末期から放電活動がはじまる。

図2・3(c)は消滅期のセルを示す。成熟期に入って15分ほどたつと、上昇気流は衰えて雲全体に下降気流が広がり、新たな降水粒子の生成は止まり地表の雨も弱まる。15分ぐらいで降水粒子はすべて落下し、セルは消失する。以上は、モデル化した一つのセルの話で、実際の雷雲では最初に成長したセルのとなりに次のセルが成長し、いわゆるセルの若返りが起こって、多数のセルが同時にあるいは時間差をおいて成長するので、となり合ったセルが互いに影響を及ぼし、これに周囲大気の流れ、不連続面の存在、地形の影響などが加わって、雷雲の構造はかなり複雑なものとなる。

放電活動が活発で、頻繁に雷放電をくり返し落雷を起こす雷雲は、多数のセルが複合し、次々と新しいセルが発生し全体として移動するタイプのものである。移動速度はそのときどきの気象状況によるが、時速40kmぐらいのものが多い。

(3) **雷雲発生のいろいろ**

雷雲は、その発生メカニズムから次のように分類される。

熱雷, 気団雷　夏の晴天日に内陸や山岳地帯に発生する雷雲にこの形のものが多いといわれている.

大気が不安定な条件になるとき, 強い日射によって地表付近の湿った空気が暖められて上昇すると, 大規模な上昇気流に発展して雷雲を起こす. これを熱雷と呼ぶ, この形の雷雲は同一の気団の中で生ずるので気団雷とも呼ばれる. また, 上層の大気が熱放射によって冷却し, 下層大気が暖められた場合と同じような熱的不安定状態を生じ, 雷雲を発生する場合もある.

界雷, 前線雷　温暖な気団と寒冷な気団が相接するとき, 寒気は下層に入り, 暖気はその上に押上げられて上昇気流が形成される. 温暖前線は暖気団が進行するときに生じ, 暖気は寒気とゆるやかな傾斜面で接し, その面に沿って徐々に上昇する. 寒冷前線では寒気団が進行して暖気を急激に押上げる.

いずれの場合も上昇気流が激しく, 規模が大きくなると雲雷を起こす. 一般に, 寒冷前線のほうが雷雲を形成する確率が高く, 春雷をはじめ季節はずれの雷雲は, 寒冷前線の通過によって起こることが多い.

うず雷・低気圧雷　発達した低気圧, 台風の上昇気流によって雷雲を発生することがあり, とくに台風の目を中心にうず状, 帯状に広がる強い降水域で雲雷の発生を見ることが多い.

実際の雷雲は, ただ一つの原因で形成されることはまれである. われわれが日常経験する夏の雷は, 下層大気の温度が高くなるという熱的な原因に加え, 地域的な気温の不連続面が形成され, この不連続線が通過するという界雷の成因が加わって起こるもので, ほとんどすべてが熱的界雷というべきものである.

(4) 大地放電の様子

雷はすでに述べたように放電現象である.

この放電がどこで起きるかによって放電の性質もずいぶんちがってくる．肉眼でも容易に確かめられるように，放電には雷雲の中で起こっているものと，雷雲と大地の間で起こるものとがある．前者を雲放電と呼び，後者を大地放電（落雷）と呼んでいる．

そこで電気設備に大きな被害を与える大地放電について説明しよう．

雷放電のプロセス　雷放電は，＋，－両電極の間隔が非常に長い放電で，ストリーマ理論があてはまる．

1対の電極に高い電圧をかけたとき陰極から1個の電子がたまたま飛び出したとする．この飛び出した電子は，両極間の電界からエネルギーをもらって加速され，空気分子と衝突電離だけでなく光子放射による光電離が原因となって次々に新しい電子とイオン対をつくりだす．これを電子なだれと呼んでいる．電子なだれの模式図を図2・4に示す．こうしてできた電子雲はすでにできている正イオン群へ流れこみ，正イオンと電子の混在するストリーマを形成し，電子なだれの進展とともにストリーマも進んでいく．このようなストリ

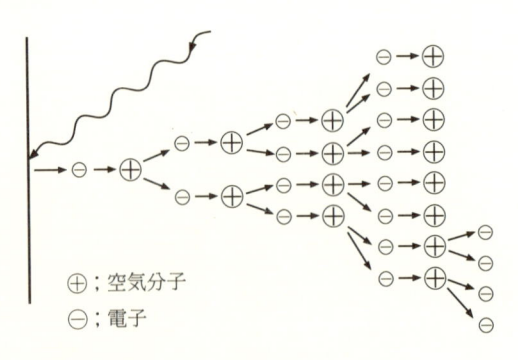

図2・4　電子なだれの模式図

2・1 雷サージ

ーマにより両電極間がつながると，導電性の放電路で両極がつながったことになり，一気に大電流が流れるいわゆる絶縁破壊が起きる．

以上が，ストリーマ理論といわれるものである．

この理論によると，雷放電を引き起こす最初の電子なだれは，高いエネルギーをもつ宇宙線が雲内の帯電した氷の粒に衝突することからはじまり，電子なだれからストリーマへと移行し，ストリーマによって雲から地面へ向かって放電路がのびてくることになる．この放電路は，雷雲から電流を供給されて地面に達するまでを先駆放電（先行放電ともいわれている）といっている．

先駆放電が地面近くまでくると，通常，地面から上向きのストリーマがのびて上向き先駆放電を形成する．両者が結合すると雷雲と地面が導電性の放電路でつながったことになり，雷雲と地面の間の電位差をなくすため，地面から雷雲に向かって絶縁破壊が一気に進んでいくことになる．

これが帰還雷撃と呼ばれ，強い発光を伴った大電流が流れる．以上が大地放電の基本的メカニズムで図2・5に示す．

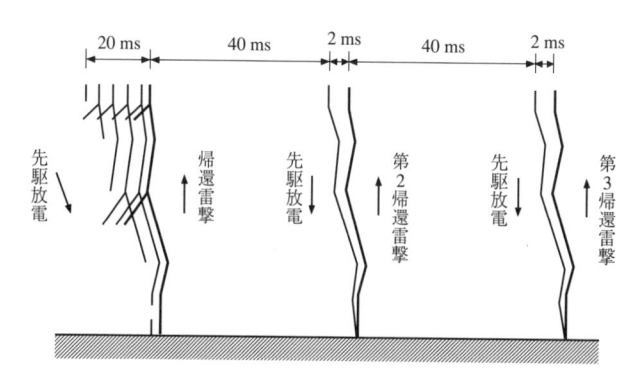

図2・5　落雷の放電プロセス，先駆放電と帰還雷撃

この一連の放電で雷雲の電荷がなくなってしまえば放電はひとまずこれで終わり，雷雲にふたたび電荷が蓄積されるまで，時間をおくことになる．しかし，もし雷雲にまだ電荷が十分残されていると，次の先駆放電がはじまる．この先駆放電は，前の帰還雷撃放電路の導電性がまだ保たれている間であれば，同じ道筋を通る．

こうして先駆放電，帰還雷撃がくり返され，多重雷撃と呼ばれる落雷となる．最初の先駆放電は，まだ電離されていない空気中を進むため，速度は遅く毎秒500kmぐらいで，雷雲から地面まで達するのにおよそ20ms（100分の2秒）かかる．一方，帰還雷撃はすでに電離された放電路を進むので，速度は毎秒10万km，光の速さのおよそ1/3と非常に速く，わずか30μs（10万分の3秒）で地面から雷雲まで達する．多重雷撃の場合の第2帰還雷撃以降は後続帰還雷撃と呼ばれているが，この後続帰還雷撃は最初の帰還雷撃からおよそ40ms遅れて発生する．そうして，先駆放電は，先の帰還雷撃のためにまだ導電性が残っている放電路を進むので，最初の先駆放電より速く進み，およそ2msで雷雲から地面に達する．また，第1雷撃と後続雷撃では，電流の波形もかなりちがう．

ベルガー氏による代表的な値を表2・1に示す．この表より，電流値は第1雷撃のほうが大きいが，電流の変化は後続雷撃のほうが3倍ほど大きい．落雷の電光を見ていると，同じ道筋が何回か光ることがある．これは多重雷撃の例であり，昼間でも写真撮影のチャンス

表2・1 負極性帰還雷撃の電流特性

	ピーク電流〔kA〕	電気量〔C〕	ピークまでの時間〔μs〕	最大電流変化〔kA/μs〕	半分になる時間〔μs〕
第1雷撃	30	5.2	5.5	12	75
後続雷撃	12	1.4	1.1	40	32

があるのもこの多重雷撃である．

　地面の局部電界が集中する高い建物，山頂などからは上向き先駆放電が進展し，このあと帰還雷撃が上昇するが，先駆放電が雷雲に到着したあと帰還雷撃のない場合もある．

　上向き先駆放電は，雷雲の高度が低い冬季雷で送電線鉄塔などからもよく発生する．

　また上層の正電荷が強風のために下層の負電荷と横並び構造となる冬季雷では，多重雷撃放電では正・負の電荷の雷撃（落電）を含むこともある．

(5) 夏季雷と冬季雷

　夏季雷の落雷のほとんどが雷雲の負電荷を中和するのに対し，冬季雷のほとんどは雷雲の正電荷を中和する．冬期雷について，北陸地方において観測の結果，このきわめて例外的と考えられていた現象が雷雲一般に共通する特性をもつものであることが明らかになってきた．

　図2・6は，冬季雷について北陸地方の雷雲モデルを，負の雷雲と対比して示したものである．0℃の温度高度が夏季雷雲には5 kmの高度にあるのに対し，冬季雷雲の場合にはほとんど地面に近い高度にあって，温度高度全般が夏より4〜5 km低くなっている．

　これに対応して，雷雲頂，正負電荷領域が地面に近づいているが，正電荷が上方に負電荷が下方に分布し，それぞれの電荷中心は，夏季雷の場合と同じ温度高度にある点は，少しも変わっていない．ただ北陸地方の冬季雷の場合は，北西の季節風が上層ほど強くなっているので，セルが水平方向に大きく傾いているのが特徴である．鉛直方向に発達する夏季の雷雲では，落雷はもっぱら下方の負電荷を地面に放電するのに対し，冬季雷では，斜め上方の正電荷が直接地面に放電する落雷が起こる．

(a) 夏の雷雲　　(b) 冬の北陸の雷雲

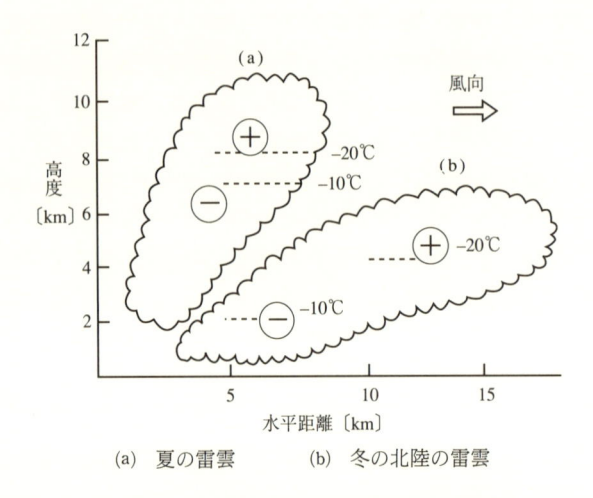

図2・6　夏の雷雲と対比した冬の北陸の雷雲

　一方，日本海岸の高い塔や煙突に落雷を観測した場合には，負電荷よりの落雷が多いとの報告がある．この理由として，図2・6で説明したように，日本海沿岸の冬季雷の雷雲内の電荷は強い季節風により水平方向にずれているが，正電荷が上にあり負電荷が下にあることには変わりない．

　ところで放電現象においては，

(i) 放電は気圧が低いほど，弱電界で開始する．

(ii) 先駆放電の最先端と大地を，棒対平板の電極に置き換えて考えると，その場合の放電は，棒が正極となった場合のほうが負極の場合より放電開始電圧が低い．

(iii) 正極性ストリーマのほうが，負極性ストリーマより進展しやすいという性質のため，冬期には上方の正電荷から下方に向かって自然落雷が発生すると考えられる．

これらのことから，高い塔や煙突から放電を開始する場合には，頭上の電荷が負の場合のほうが雷雲電荷の高度が低く，したがって地上電界が高くなる．さらに塔や煙突の先端は正極となり，上記の(ii), (iii)の条件を満たすことになる．このため，地面より高くにある塔や煙突などへの落雷（トリガード落雷とも呼ばれている）に関しては，冬季雷でも負電荷よりの落雷が多く発生する理由といわれている．冬季雷は夏季雷に比較して雷撃数が少なく，ほとんどすべてが連続電流を含むことが共通した特徴となっている．また，中和する電荷が異常に大きい（100～300クーロン）落雷がしばしば起こることも特徴的である．

(6) 落雷電流と波形

落雷電流の電流波高値について CIGRÉ（国際高電圧大電力会議）

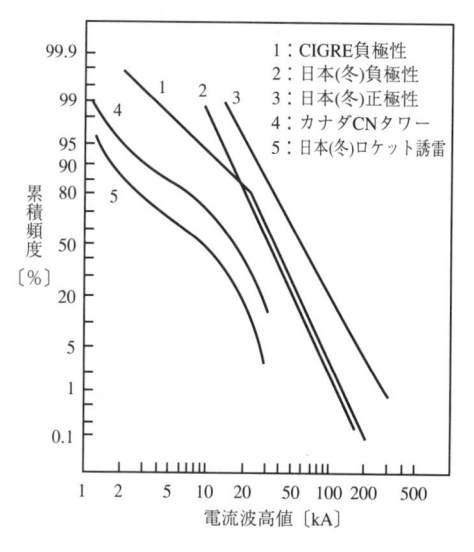

図2・7 雷電流波高値の累積頻度分布

SC-No.33でまとめられた結果を図2・7に示す．この図より負極性下向き放電の電流波高値の累積頻度分布（CIGRÉ結果）を中心に，わが国の冬季雷とロケット誘雷およびカナダのテレビ塔の上向き放電などの状況を知ることができる．この図より落雷電流の波高値は数kAから200～400kA程度のものまで観測されているが，20kA以下のものがほぼ50％程度を占めている．なお，冬季の正極性落雷電流値の大きいものがループアンテナの磁界の強さから推定する方法によって記録され，また高突起物から誘発される上向き放電は小電流のものが多いことが明らかにされている．

落雷電流の波形をモデル化したものを図2・8に示す．

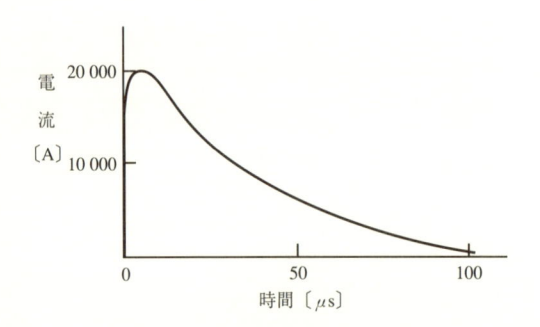

図2・8 落雷雷撃電流のモデル波形

落雷電流値が1/2になるまでの時間，すなわち波尾長はおおよそ40 μs で，立上り時間，すなわち波頭長は4.5μs 程度であり，第2帰還雷撃は0.6μs 程度である．

(7) **落雷頻度**

その地域の落雷頻度を正確に予測し把握するには，一般に各地域の年間雷雨日数が使用されている．わが国の10年間の統計による年

2・1 雷サージ　　　　　　　　　　　　　　　　　　　　　　　　　17

図2・9　わが国における年間雷雨日数分布

間の雷雨日数を図2・9に示す．

　図において雷雨日数の等しい地点を結ぶ線，等雷雨日数線をIKL (Iso Kelonic Level) と呼び雷雨分布の表示に用いられる．

　年間を通じ雷雨日数が多いのは，関東北部，琵琶湖周辺，北陸，九州南部など，35日以上に及ぶところもある．とくに北陸地方は冬季の雷雨日数が多い．

　雷害対策に直接関係する落雷頻度は，雷の発生状況，地形，気象条件など地域の状況で異なり，一概にはいえないが，実測によると，年間雷雨日数30日の地域で2.8～5.9回/km²/年の範囲にある．

(8) 誘導雷の発生メカニズム

誘導雷電圧には下記の3とおりが考えられる．
(i) 落雷過程の先駆放電段階で発生する電圧
(ii) 落雷過程の帰還雷撃段階で発生する電圧
(iii) 雷雲の電荷に起因する電界によって発生する電圧

これを図2・10に示す．

このうち，(i)は等価的な電荷の進展速度はそれほど速くないので，

(i) 先駆放電段階　　(ii) 帰還雷撃段階

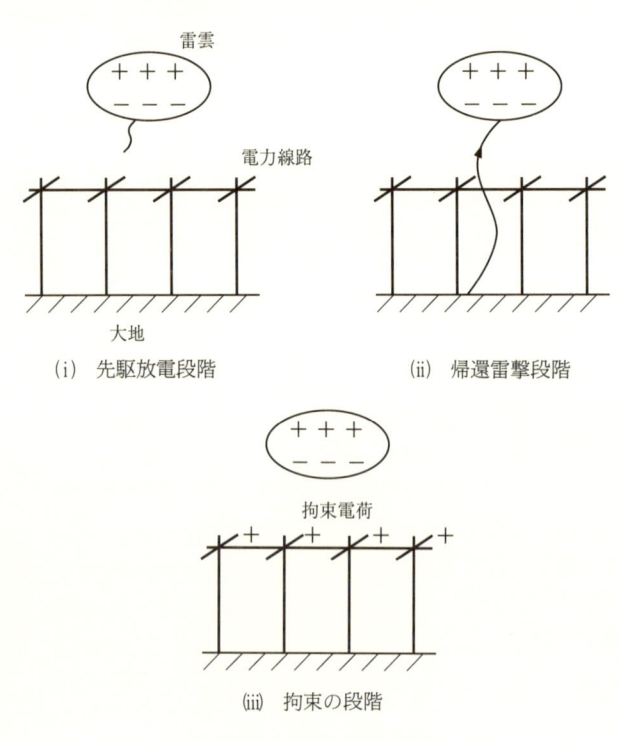

(iii) 拘束の段階

図2・10　誘導雷の発生機構

電力線路が短くその線路に保護装置（たとえば避雷器）が全くない場合を除いては絶縁を脅かすことは少ないと考えられる．

(iii)については，雷雲と大地との距離が大きいため被害を及ぼすほど大きな値にはならない．

したがって，通常は(ii)の帰還雷撃段階（主放電とも呼ばれている）により線路に発生する誘導雷電圧を対象として，配電線，通信線路の耐雷対策がたてられる．

日本での誘導雷の観測設備を図2・11に示す．

とくにここでは北陸地方の冬季雷が高煙突に落雷したものを対象とし，高煙突より200m離れた箇所に観測用の配電線路を設けて高煙突への落雷電流・波形観測と配電線への誘導雷電圧・波形の同時観

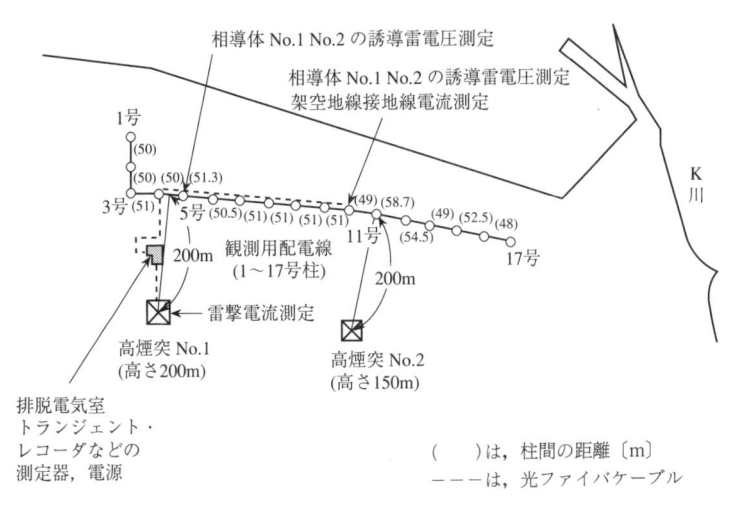

図2・11　F火力発電所における誘導雷観測設備の設置位置

1982年11月12日 4時50分　　　　　雷撃電流　誘導雷電圧（5号柱）

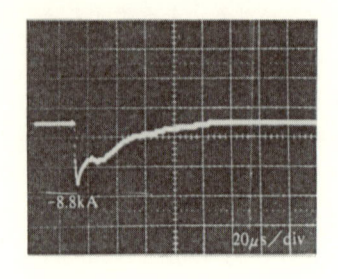

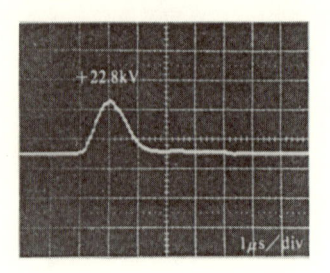

+22.8kV

−8.8kA

20μs/div　　　　　　　　　　　1μs/div

(a) 負極性雷撃電流と正極性誘導雷電圧の対応

1982年11月12日 3時37分　　　　　電撃電流　誘導雷電圧（5号柱）

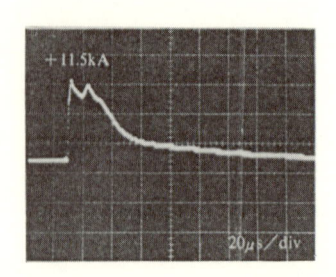

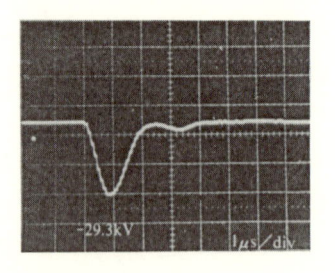

+11.5kA

−29.3kV

20μs/div　　　　　　　　　　　1μs/div

(b) 正極性雷撃電流と負極性誘導雷電圧の対応

図2・12　観測波形

測を行っている．この観測設備で得られた観測例を図2・12に示す．
　図の観測結果より推定すると，(a)図は落雷電流が大地から雷雲方向へ進展し，雷道上の負電荷が消滅するもので，配電線路上には正の誘導雷電圧が誘導される．(b)図は落雷電流が大地から雷雲方向へ進展し，雷道の正電荷が消滅するもので負の誘導雷電圧が誘導され

る.また,これらの観測結果から落雷電流の波高値が大きい場合でも波頭しゅん度(波高値と波頭長の比)が小さいと発生する誘導雷電圧の値は小さくなる.

一方,南アフリカ共和国での観測例では10kmの実測用配電線路で近傍落雷時の線路誘導雷電圧と雷放電帰路の光学的観測が同時に行われた.この誘導雷電圧観測には,水平配列の三相線路を用いており,三相に生じる誘導雷電圧はほぼ同じである.

また,先駆放電過程に対応する誘導雷電圧が測定されているが,これも帰還雷撃(落雷電流)に対応する部分より小さい.

わが国では,多くの研究者が観測しその結果を発表している.とくに光学的に同時に観測しているので,落雷地点と線路との距離(Y)が判明している場合が多く,観測された誘導雷電圧の波高値$U_{0\mathrm{max}}$とYとの関係が明らかにされており,これらの関係をグラフ

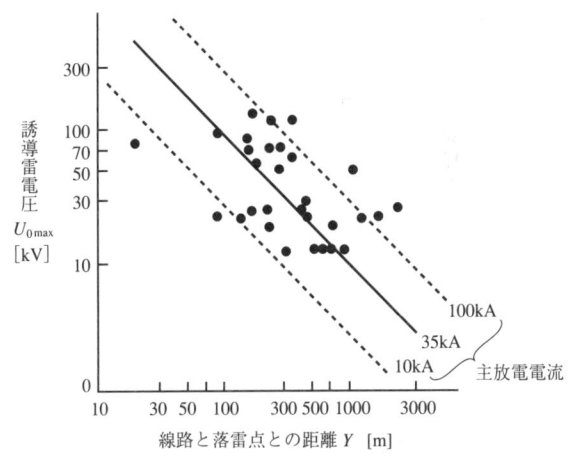

図2・13 誘導雷電圧波高値と,落雷点の位置との関係(31観測例)

化したのが図2・13である．

　図に示すように，配電線路の絶縁（雷インパルス絶縁強度は60kVと定められている）を超過するものは，落雷電流値に関係するが，近傍に落雷した場合に生ずることがわかる．

　配電線路に生じる誘導雷電圧は，線路地上高，帰還雷撃電流（主放電電流）の波高値，波形，進展速度など多くのパラメータに影響される．これらの数値を仮定し，落雷点と線路との距離（Y）と誘導雷電圧の関係の一例を図2・14に示す．

　この図よりわかるように，線路の絶縁強度60kVでは落雷点と線路との距離が250m以内では線路の絶縁強度を超えることになり被害を生じることになる．

　以上は，配電線路（6kV系統）の観測例であるが，低圧配電線路および通信線路での誘導雷の観測について，次に説明する．

(a) **低圧配電線の誘導雷電圧**　誘導雷電圧の観測のほとんどが高圧配電線路を対象としたもので，低圧配電線路（100Vあるいは

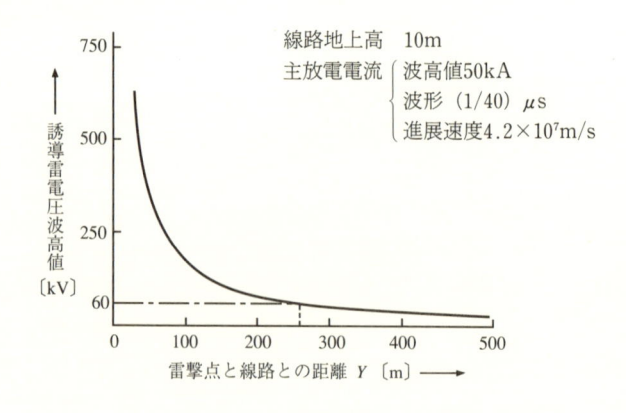

図2・14　雷撃点と線路との距離と誘導雷電圧波高値の関係

200V) での観測は少ない．昭和56～62年の毎年7～10月の襲雷期にサージカウンタ（雷電圧の動作電圧を定めて，その電圧範囲で動作回数を表示する装置）を用いた低圧配電線路の誘導雷電圧を実測したもので，その結果を図2・15に示す．

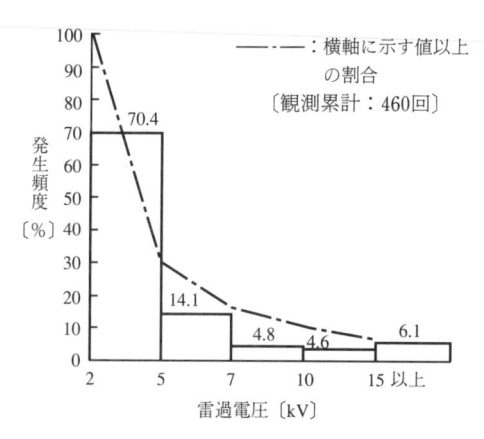

図2・15 低圧配電線の誘導雷電圧観測結果
（昭和56～62年）

(b) **通信線路系の誘導雷電圧**　図2・16は通信線およびAC電源線から通信装置へ侵入する誘導雷電圧の観測例である．

誘導雷電圧・波形は，落雷の波形が統計的性質を持っていることと，線路の構成や落雷位置との距離によって異なってくる．

図の波形は観測データの平均値であるが，発生頻度の高い遠方雷のデータが含まれているため，比較的低い電圧領域の波形と考えられる．実際に通信装置に故障を引き起こすのは落雷に近い高電圧領域の雷サージであることはいうまでもない．

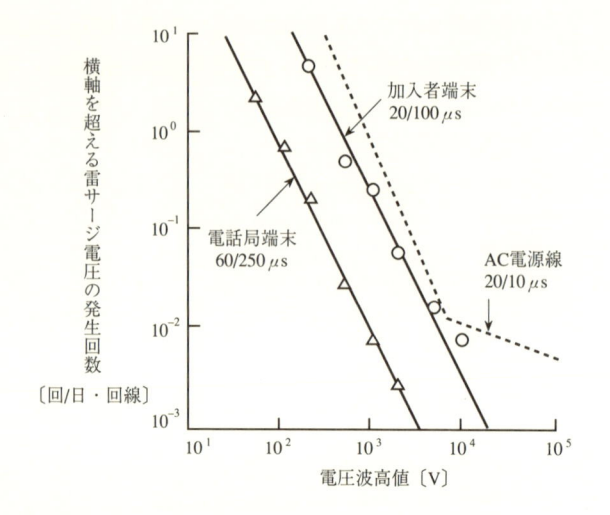

図2・16　誘導雷サージ電圧の発生頻度

(9) 避雷器の放電電流

避雷器は，雷または回路などに起因する過電圧の波高値がある値を超えた場合，放電により過電圧を制限して電気施設の絶縁を保護し，かつ続流（放電現象が実質的に終了した後，引き続き電力系統から供給され避雷器を流れる電流）を短時間のうちに遮断して，系統の正常な状態を乱すことなく原状に自復する機能をもった装置である．

電気施設を保護するため，その目的に適合した避雷器を適合した箇所へ設置している．しかし，その避雷器も落雷を直接（直撃雷）受けると，落雷時の大きな雷サージエネルギーにより破壊されるので，電気設備，送配電線路や通信線などについては誘導雷サージに対する保護が主体である．

これら避雷器が設置されている電気設備について，昭和50年から昭和56年度までの国内（9電力会社および電源開発）における避雷器の動作状況を調査した．66kV系統以上を対象とした発変電所に設置されている避雷器（弁抵抗形および酸化亜鉛形）の電流記録器により調べた結果，避雷器の動作要因別相数は表2・2となり，雷サージによる動作が96.5％に達している．

表2・2 動作要因別の動作相数

動 作 要 因	動作相数 （相）
雷 サ ー ジ	547 （96.5％）
開閉サージ	10 （ 1.7％）
そ の 他	1 （ 0.2％）
不 明	9 （ 1.6％）
合 計	567 （100％）

（注）（ ）内は合計に対する比率

　図2・17(a)は，66〜154kV系統の酸化亜鉛形避雷器の動作回数率を示す．ここで昭和50〜56年は酸化亜鉛形避雷器の初期の適用時は，IKLの比較的高い場所に適用されていることも一因と考えられる．
　同図(b)は動作電流（放電電流）とIKLとの関係を示す．
　公称放電電流10kAに達しているものも5件記録されているが，動作電流の大部分は5 kA以下である．
　9電力会社管内の襲雷頻度の大きい地域で，6 kV配電線用避雷器の放電電流の発生頻度は図2・18のとおりで1 000A以下のものが約95％占めている．

(a) 避雷器の動作回数率

(b) 動作電流とIKLとの関係

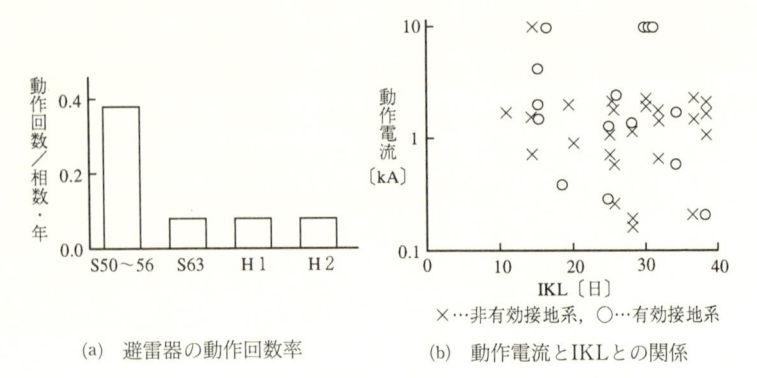

×…非有効接地系, ○…有効接地系

図2・17　避雷器の動作電流

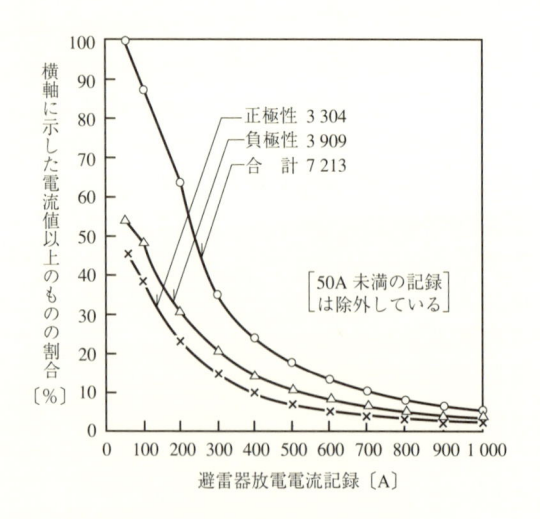

図2・18　避雷器放電電流の発生頻度
（昭和33〜39年の対象配電線の記録値の合計）

2・2 開閉サージ

過電圧とは系統最高電圧を超える電圧をいい,この過電圧は機器等電気施設の絶縁に被害を与えるので,適切な抑制対策・防護対策を講じる必要がある.過電圧は多種多様であるが,一般に次のように分類される.

2・2・1 商用周波性の過電圧

短時間過電圧ともいう.1線地絡,負荷遮断,共振などによって発生し,波高値は定常の1.2〜2倍程度,継続時間は0.1〜数秒である.

2・2・2 回路開閉による過電圧

開閉過電圧または開閉サージと呼ぶ.これには遮断器による開閉サージ,地絡瞬時の健全相サージなどがある.波高値は定常の2〜3倍程度で波高値の高い部分の継続時間は数μs〜数 ms である.

過電圧に関係する〝サージ〟という言葉は,通常,回路条件の急激な変化によって生じる過渡的な電圧・電流を指すことが一般的で,定常的な過電圧・過電流に対しては使われない.

このことより,2・2・2の〝開閉サージ〟について説明する.

開閉サージは,回路のある点の相と大地間あるいは相間に発生するサージ電圧をいい,波高値で示す.また,その値は最高電圧(公称電圧の1.15/1.1)の対地電圧に対する倍数で表示される.

開閉サージの原因となる回路操作には,

(1) 無負荷回路の開閉
(2) 地絡故障している回路の開閉

などがある.

開閉操作は,通常は遮断器で行われるが,断路器,ヒューズ,カットアウトなども検討対象となる.

(a) 抵抗負荷　　$J_R = 0$

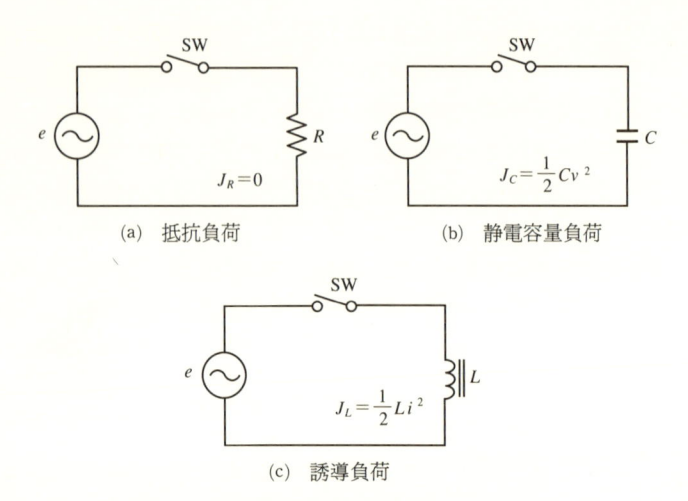

(b) 静電容量負荷　　$J_C = \frac{1}{2}Cv^2$

(c) 誘導負荷　　$J_L = \frac{1}{2}Li^2$

図2・19　各負荷開閉時に負荷に残留するエネルギー

　回路開閉によるサージ電圧は，純抵抗要素が接続されている負荷回路においては発生しない．

　これは，純抵抗には静電エネルギーあるいは電磁エネルギーを蓄積する働きがないからである．

　負荷として静電容量が接続されている場合，図2・19(b)でSWによって開放された瞬間，電磁エネルギーが（$1/2Cv^2$）の形でコンデンサにとり残され，SWの開閉条件によっては，このエネルギーがさらに蓄積され，それがサージ電圧として静電容量負荷両端に現れることになる．

　同図(c)のように誘導負荷が接続されている場合，SWによって開放さた瞬間の電磁エネルギーは（$1/2Li^2$）の形でとり残される．このエネルギーは安定な状態で保持されることなく，サージ電圧の形で負荷両端に現れる．これらは，あくまで原理的な説明で実際には三

2・2 開閉サージ

者の負荷が組合わさり，ときには分布定数的に取扱わなければならないこともあり，その発生メカニズムはきわめて複雑である．

(1) 無負荷回路の開閉の場合

(a) 容量性負荷遮断時の再点弧によるサージ電圧　容量性負荷を遮断したときの再点弧現象によって発生するサージ電圧である．図2・20(a)のように回路に流れる電流は電圧より $\pi/2$ 進んでいるため，電流が零値で遮断されても負荷側端子には電源電圧の波高値が残る．

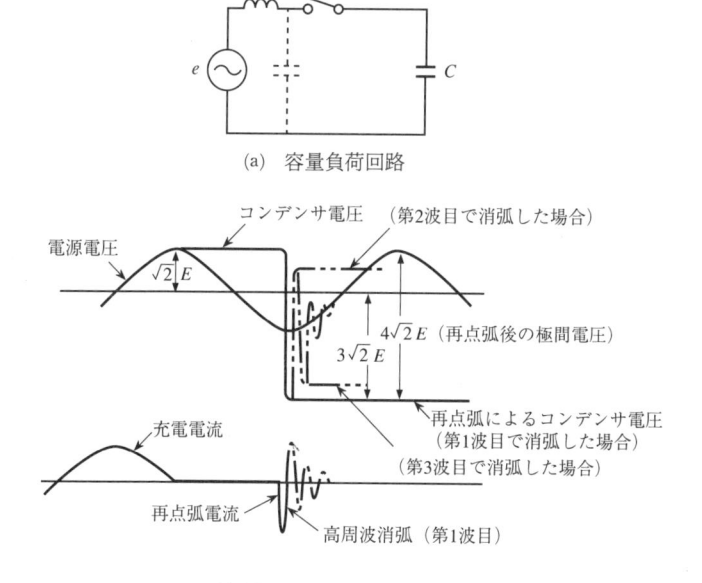

(a) 容量負荷回路

(b) 再点弧によるサージ電圧（高周波消弧）

図2・20　容量負荷の遮断時のサージ電圧発生機構

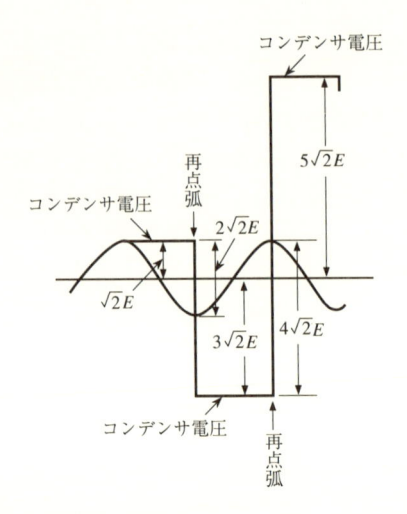

図2・21　再点弧くり返し時のサージ電圧（無減衰の場合）

　ところが，電源電圧は商用周波の周波数で変化するため，1/2Hz 後，遮断器の極間には $2\sqrt{2}E$ の電圧が加わる（図2・21参照）．このとき，極間の絶縁回復が遅く，この電圧で極間放電すると極間電圧は $2\sqrt{2}E$ から零値に急変し，回路定数で決まる $f_r=1/2\pi\sqrt{L_r\cdot C_r}$ の高周波振動を発生する．このときのサージ電圧は振動電流の何波目で消弧するかによって負荷側の残留電圧が異なる．

　再点弧および高周波消弧を半周期ごとにくり返した場合，負荷側の残留電圧は図2・21に示したように累増し，機器の絶縁破壊を起こすサージ電圧となる．

　しかし実際に発生するのは，3倍程度以下のサージ電圧である．

　(b)　**誘導性負荷遮断時のサージ電圧**　　誘導性の小電流を遮断する際，消弧力が強すぎると電流が自然零値になる以前に強制的に遮断されることがある．これは一種の直流遮断現象で，無負荷変圧器

2・2 開閉サージ

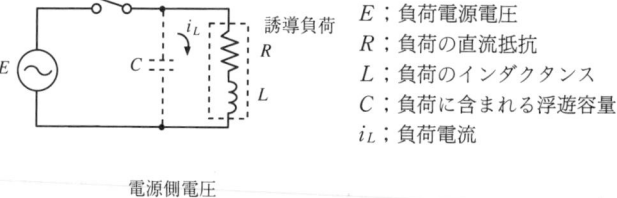

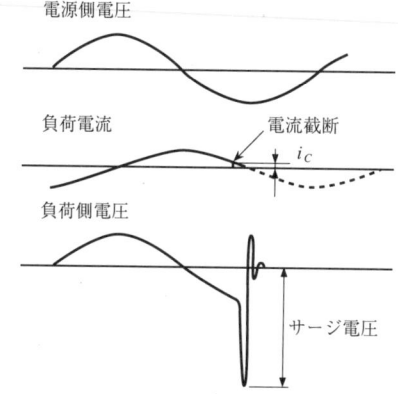

図中凡例：
- E；負荷電源電圧
- R；負荷の直流抵抗
- L；負荷のインダクタンス
- C；負荷に含まれる浮遊容量
- i_L；負荷電流

図2・22 誘導性負荷の遮断時のサージ電圧発生機構

の励磁電流やリアクトル回路など誘導性の小電流を遮断する場合に発生する．図2・22に誘導性負荷の遮断時におけるサージ電圧発生メカニズムを示す．いま，負荷電流をSWにて開路し最終 i_c なる截断電流で回路が完全に開かれたとき，負荷に蓄積しているエネルギーは (2・1) 式にて示される．

$$J=\frac{1}{2} Li_c^2+\frac{1}{2} CV_c^2 \tag{2・1}$$

ただし，V_c は電流截断が行われた時点の電源側電圧値である．

サージ電圧の発生を考えるためのアプローチとして二つあげるこ

とができる．

　一つは (2・1) 式の蓄積エネルギーが L，C 間でエネルギーのやりとりをするときに発生するもの，他の一つはレンツの法則にしたがう誘導負荷に発生する逆起電力である．

　この逆起電力は (2・2) 式により示される．

$$V = -L \frac{di}{dt} \tag{2・2}$$

　ここで (2・1) 式は電流截断現象時のサージ電圧について，また，(2・2) 式は接点開極開始点から電流截断までのサージ電圧について説明するのに便利である．

　図2・23は一つのモデルとして直流電流遮断時の様子を示す．

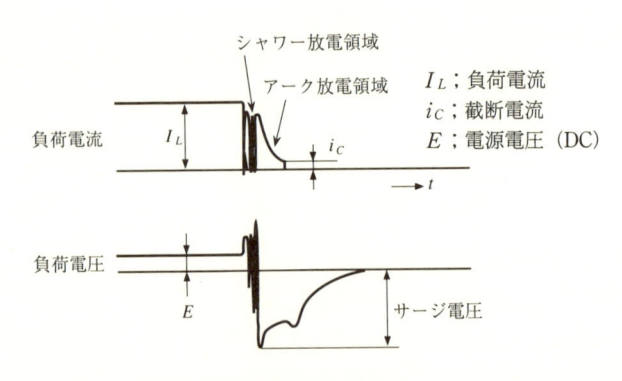

図2・23　直流電流遮断時の様子

　図の負荷電流遮断時，開路開始の点では極間にアーク放電と絶縁回復をくり返し，シャワー状のサージ電圧を生じる．このときのサージ電圧はかなりの高周波成分をもっている．極間距離がさらに開きアーク電流が急激に減少すると，その電流減少傾度 $\left(-\dfrac{di}{dt}\right)$ にした

がった形でサージ電圧が発生する．この部分が (2・2) 式によるサージ電圧である．さらに極間距離が長くなり，また，アークが冷却されれば，電流はある値から零になる．これが截断電流で，あとで説明する (2・3) 式で示されるサージ電圧の関数となる．

電流截断時にインダクタンスおよび浮遊容量に蓄えられたサージエネルギーはすでに (2・1) 式で算出されたが，これらのエネルギーは L, C 間で特定の周波数

$$f_r = \frac{1}{2\pi\sqrt{L_r \cdot C_r}}$$

で互いにやりとりを行う．

いま (2・1) 式で示す全エネルギーが C に充電されたならば，そのときの C の両端の電圧が最大サージ電圧となる．

すなわち，(2・1) 式の全エネルギーを $\frac{1}{2}CV_{sm}^2$ とおくと，

$$\frac{1}{2}L \cdot i_c^2 + \frac{1}{2}CV_c^2 = \frac{1}{2}CV_{sm}^2$$

ただし，V_{sm}；最大サージ電圧

上式を V_{sm} について解けば，(2・3) 式となる．

$$V_{sm} = \sqrt{\frac{L}{C}i_c^2 + V_c^2} \tag{2・3}$$

一般に，

$$\frac{L}{C}i_c^2 \gg V_c^2$$

であるため，(2・3) 式は (2・4) 式で近似される．

$$V_{sm} \simeq i_c\sqrt{\frac{L}{C}} \tag{2・4}$$

いま $\sqrt{L/C} = Z$ とおけば (2・4) 式は (2・5) 式となる．ここで，Z はサージインピーダンスと呼ばれるものである．

$$V_{sm} = i_c Z \tag{2・5}$$

実際には $R=0$ でなく減衰があるので，(2・5) 式の値より小さくなるが，いずれにしても，サージ電圧は截断電流とサージインピーダンスに比例する．したがって，(2・2) 式および (2・5) 式から，大きな電流を急速に遮断した場合とか，または Z の大きな回路においては，回路電圧の20倍程度のサージ電圧が発生することがある．(2・5)式で示した値は計算上の値で，実際には種々の要因が入り複雑なものとなる．ここでサージ電圧の発生に大きな影響を与える要因について簡単にふれる．

(i) R の大きさ　エネルギーが L, C 間でやりとりされる際に，一つのエネルギー消費源として働く．もし，$R=0$ であるならば，エネルギーの消費は行われず，L, C 間で永久に振動が持続することになる．

(ii) 開閉器の特性　サージ電圧の発生に最も大きな影響を与える要因の一つが，開閉器の接点開極特性である．(2・5) 式で示された値は，理想的な遮断 $\left(\dfrac{di}{dt}=\infty\right)$，すなわち，電流截断時のものである．先にも述べたように，開閉サージ電圧を検討する場合は (2・2) 式と (2・5) 式の両者を検討しなければならない．これらの式における截断電流，$\dfrac{di}{dt}$ などは開閉器の開極特性によるところが大きい．

開極速度の速いもの，アーク消弧機構をもったものは $\dfrac{di}{dt}$ が大きく，また，真空開閉器のように本来極間絶縁回復特性の優れたもの，さらに接点材料によって截断電流が大きいものは高い波高値のサージ電圧が発生する．

(iii) 電源の種類　直流と交流の場合では，いうまでもなく，直流のほうが遮断しにくくアーク時間も長い．

これは交流が1秒間に100回（50Hz）または120回（60Hz）零電位の点を通過するため，零電位を待って遮断が行われるが，直流では負荷電流を開閉器で強制的に零まで遮断しなければならないからである．

このような特性の相違から，直流の場合は常にほぼ一定のサージ電圧が毎回発生するが，交流の場合はその遮断位相によってサージ電圧の大きさ・極性が異なってくる．

(iv) 負荷の種類　負荷の回路定数によってサージ電圧は大きく変わるが，無負荷変圧器の開閉や無負荷モータの開閉など，実効 R 成分の少ない無負荷のときに大きなサージ電圧が発生する．

(2) 地絡故障している回路の開閉

過電圧倍数の大きなサージ電圧を発生させる地絡事故は，その地絡状態から2種類に分類される．

(a) **1線地絡**　1線地絡によるサージは健全相の商用周波電圧上昇分に過渡分が重畳した形態をとる．この過渡分は地絡による電圧変化分が他相に影響を与えるもので，中性点を経由する成分と線路結合による成分とが含まれる．非接地系統では，この振動は回路内の抵抗分によって減衰し消滅する過渡的なもので，その過電圧倍数は3倍程度である．

長距離送電線の場合は，サージの往復振動の重畳によって，送電線の中央で地絡が発生したときの健全相対応点のサージが最も大きくなり，中性点直接接地系統でも2倍以上となると報告されている．

(b) **間欠アーク地絡**　非接地系の地絡時に，事故アークが自然消弧と再点弧をくり返すと中性点のシフトが起こり，理論的には7.5倍のサージが発生することが1930年に Clem 氏 により発表された．実際には，故障点のアーク絶縁回復速度に抑えられて，最大3〜4倍程度である．

(3) 不揃い開閉によるサージ

これは変圧器の中性点が非接地で巻線比の大きい,たとえば70/3 kVといった変圧器で1次～2次巻線間に遮へいがない場合,投入開閉器の不揃いにより接点の一つが先に投入されたとすれば,この変圧器の1次側は非接地のため1次側巻線はすべて第1投入相の電位となる.このとき,低圧側巻線には1次～2次間および2次～大地間の静電容量の比で分けられる静電移行電圧が発生する.その値は高圧側の電圧の30～60%も移行することがあり,危険なサージ電圧となる.ところが,時間が経過し三相ともに投入された段階では,1次側の中性点電位は零になり静電移行電圧はなくなる.

低圧配電線の単相3線式でも同様に不揃い開閉があれば,線間電圧がアンバランスになり,機器にとって危険な電圧が発生することがある(中性線の遅れ投入).

(4) ヒューズの遮断時

ヒューズは電気回路のいずれかの部分において短絡が発生した場合に,回路を保護するための一種の開閉器と考えることができる.

しかし,通常の開閉器と大きく異なるのは短絡電流を速やかに遮断する点で,短絡時の負荷の条件,ヒューズの溶断特性ならびにヒューズのアーク特性などにより,サージ電圧の大きさは異なる.とくに限流ヒューズのように遮断特性の優れたヒューズではサージ電圧が発生しやすい.

公称電圧3/6kVの高圧受電設備には簡単,安価などの理由で,多くは負荷開閉器と併用してキュービクルやモータ回路保護用に限流ヒューズが使用されている.

この限流ヒューズは規格(JIS C 4604)で定められている.限流ヒューズは遮断動作が速く,幹線側の遮断器との動作強調がとりやすい.限流ヒューズが動作した際にその端子間に発生する動作電圧

の最大値を動作過電圧といい,この動作過電圧は JIS C 4604では23 kV(波高値)以下としている.しかし,実験でヒューズ1本と2本直列動作時(接地点はヒューズの一方端とする)の両ケースで,1本の動作時はいずれも規格に定められた動作過電圧限度以下となっているか,2本直列動作時には,多くの場合,限度を超え18.4〜34.8 kV となると発表されている.

(5) サイリスタ転流時のサージ電圧

サイリスタを使用した回路では,しばしば素子間の有害なサージ電圧が発生し,サイリスタの特性を劣化させたり阻止機能を破壊したりする.とくにここでは,サイリスタ回路の基本周波数の各サイクルごとに発生するくり返しサージ電圧について説明する.

サイリスタ回路におけるくり返しサージ電圧には,転流時のサージ電圧とキャリヤ蓄積効果によるサージ電圧の2種類がある.

(a) **転流(消弧)時のサージ電圧**　　サイリスタ整流回路(図2・24)において,転流が終了したとき,整流素子に逆電圧が印加される.これは図2・25のスイッチを急激に開放した場合と等価であるから,変圧器の浮遊容量あるいはサイリスタ両端の静電容量(dV/dt 緩和用の CR スナッパ)と変圧器の漏れインダクタンスとの間で振動を生じる.この電圧は転流が終了したときの飛躍電圧の最高2倍

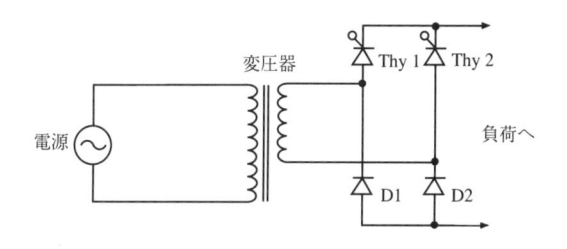

図2・24　単相サイリスタ回路

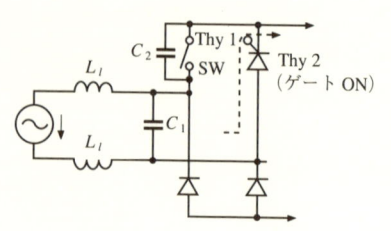

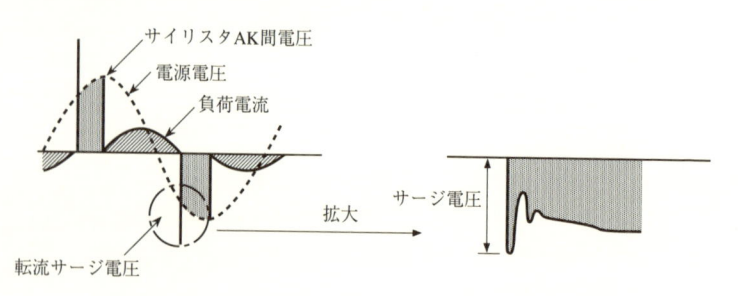

L_l ：変圧器の漏れインダクタンス
SW ：転流を終えた素子を等価的
　　　スイッチとおいたもの
C_1 ：変圧時の浮遊容量
C_2 ：素子の並列静電容量

(a) 転流時のサイリスタ回路

(b) 誘導負荷のサイリスタ
　　制御の電圧,電流波形

(c) SW間の転流サージ

図2・25　転流（消弧）時におけるサージ電圧

に達し，制御角90°の場合では飛躍逆電圧がサイリスタの逆電圧になり最も高いサージ電圧となる．図2・25からもわかるように回路によっては半サイクルごとにこのようなサージ電圧が発生する．

(b) **キャリヤ蓄積効果によるサージ電圧**　サイリスタ素子にはキャリヤ蓄積効果があり，サイリスタに流れていた負荷電流が零になってもPNPN接合部にはキャリヤが残存しており，事実上，導通の状態にある．

そのため逆方向電圧を印加すると，定常の逆漏れ電流よりはるかに大きな逆方向電流が流れる．その後，急激に定常の逆漏れ電流ま

で減衰し電流阻止能力が回復する．このとき，di/dt はかなり大きく，サージ電圧を発生する．サージ電圧の大きさは $(-Ldi/dt)$ で示され，転流時点の電流傾度が大きくなるほど，大きくなる傾向にある．キャリヤ蓄積効果によるサージ電圧は数 μs～数十 μs 程度の振動波形でエネルギーはあまり大きくない．

3. そしてその被害は

 被害には,雷サージによるものと開閉サージによるものがある.そこで,設備別に,それらの被害について説明しよう.

3・1 電力設備

(1) 雷サージによる被害

(a) **発変電所における被害**　発変電所の構内は落雷(直撃雷)に対して完全遮へいを目標に耐雷設計が行われているので,発変電所では線路から侵入する雷サージに対する電気設備の保護が主になる.

 すなわち,発変電所では避雷器または保護ギャップなどの避雷装置を設置して,この雷サージを機器の絶縁強度以下に抑制して絶縁協調(有効な保護装置の特性を考慮に入れながら,電圧ストレスによる機器の絶縁破壊または供給支障を皆無にするよう経済的・運用的に受け入れられるレベルまで機器の絶縁強度を低減し,かつその機器を適用すること)を図っている.(財電力中央研究所が主催し,昭和57年から約7年間にわたって学識経験者や電力会社の関係者で構成した耐雷技術委員会で調査検討した結果による耐雷設計プラクティスは図3・1に示すとおりである.

 発変電所は,絶縁協調の考え方から気中絶縁発変電所とガス絶縁発変電所に分けられる.

 気中絶縁発変電所は,主要機器である変圧器を最重要保護対象と考え,避雷器をできる限り変圧器に近付けて設置している.ガス絶

3・1 電力設備

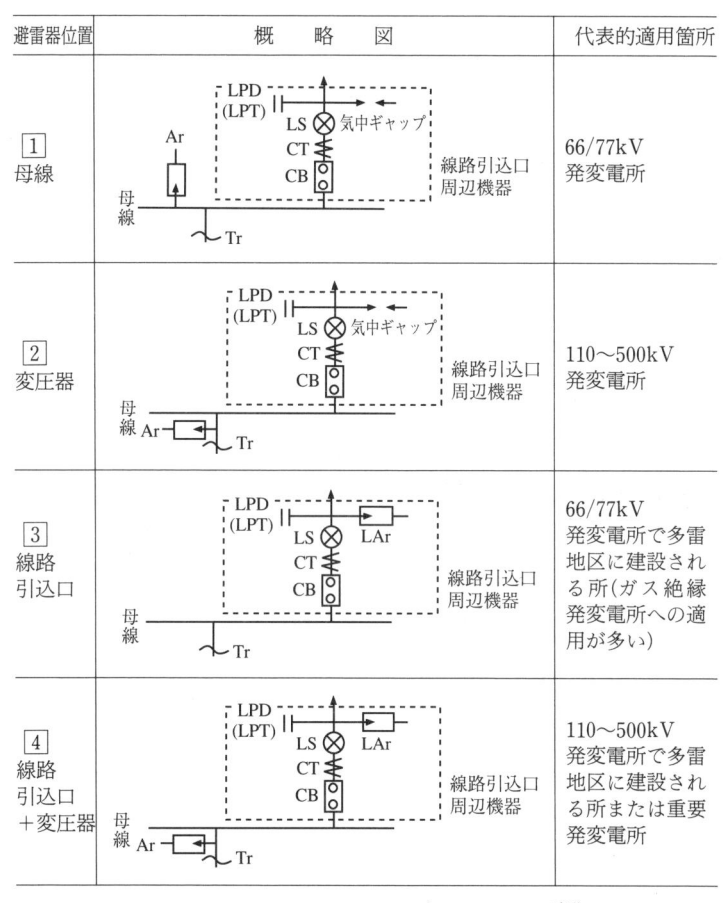

避雷器位置	概略図	代表的適用箇所
① 母線	Ar, 母線, Tr, LPD(LPT), LS 気中ギャップ, CT, CB／線路引込口周辺機器	66/77kV 発変電所
② 変圧器	LPD(LPT), LS 気中ギャップ, CT, CB／線路引込口周辺機器／母線 Ar─Tr	110～500kV 発変電所
③ 線路 引込口	LPD(LPT), LS⊗ LAr, CT, CB／線路引込口周辺機器／母線 Tr	66/77kV 発変電所で多雷地区に建設される所(ガス絶縁発変電所への適用が多い)
④ 線路 引込口 ＋変圧器	LPD(LPT), LS⊗ LAr, CT, CB／線路引込口周辺機器／母線 Ar─Tr	110～500kV 発変電所で多雷地区に建設される所または重要発変電所

図3・1 発変電所の耐雷設計プラクティス (例)

縁発変電所では，気中絶縁発変電所と比較して母線の広がりが小さいため，通常は，避雷器を引込口に設置すれば，GISと変圧器の両方を保護することが可能とされている．

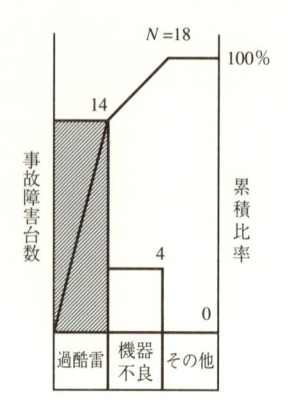

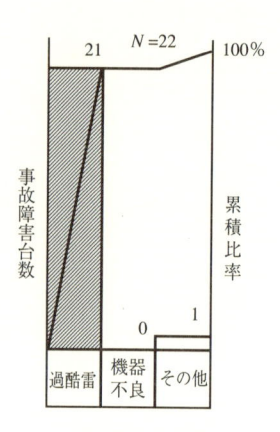

図3・2　避雷器の事故障害原因　　図3・3　変圧器の事故障害原因

　そこで，発変電所別の被害は気中絶縁発変電所の場合，図3・1に示すように，耐雷設計プラクティス①を採用したときには変圧器をはじめとした発変電所主機器の被害が多く，耐雷設計プラクティス②を採用したときは遮断器をはじめとした線路引込口周辺機器の被害が目立っている．

　図3・2は避雷器の被害原因の内訳で，図3・3は変圧器の事故障害原因を示すが，いずれにしても過酷雷サージによるものが各々78％および95％を占めている．また変圧器を定格電圧別に雷事故障害の容量について調べたものが図3・4である．同図より，被害は275kV/250MVAの変圧器が最大で，66・77kVの配電用変圧器，とくに6〜10MVA級の標準的な配電用変圧器に被害が多くなっている．

　配電用変圧器の被害は11台で，このうちの3台は雷遮へい失敗による変電所母線または引込線路への落雷（直撃雷）によるものと考えられている．また，残り8台のうち3台は，変電所構内に遮へいがないため母線もしくは引込線路への落雷によるものと考えられて

3・1 電力設備

$N=21$

変圧器容量〔MVA〕	系統電圧〔kV〕					
	～6.6	22・33	66・77	154	220	275
250					●	●
21～40			●●	●		
11～20			●			
6～10			●●●●●　● ●●●●			
0～5	●		●●●			

図3・4　雷事故障害の容量・電圧別分布

いる.

　図3・5は遮断器の被害原因を示すが,全被害のうち過酷雷サージによるものが78％で最も多く,その中でも19台が遮断器開放に伴って

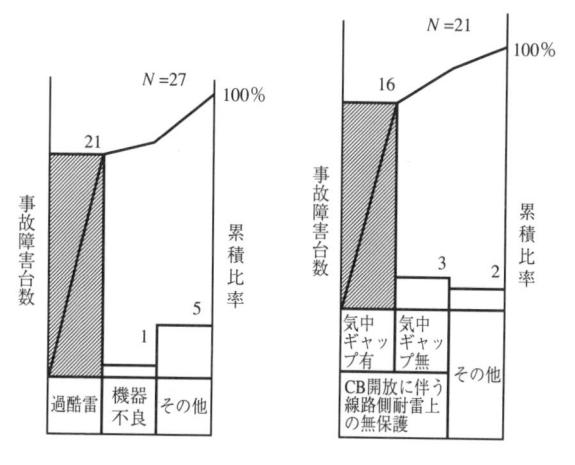

図3・5　遮断器事故障害原因

$N=17$

遮断器の形式	系統電圧〔kV〕				
	6.6	22・33	66・77	154	275
GCB			●(タンク形)	●●(タンク形)	●●(がいし形)
ABB			●●●●● ●	●	●●●
OCB	●	●			

図3・6　線路側無保護遮断器事故障害の形式・電圧別分布

$N=7$

系統電圧〔kV〕	断路器	終端接続箱
154	●	
110	●●	
77・66	●	●●●

図3・7　GIS電圧別事故発生箇所

線路側が避雷器の無保護範囲になるためであった．

　図3・6は線路側無保護遮断器の被害について形式・電圧別の分布である．

　ガス絶縁発変電所での被害は図3・7に示すが，7件すべてが過酷雷サージによるもので，このうち6件は線路引込側に避雷器が設置されていたが，過酷雷サージのため保護できなかったものと考えられている．

　(b)　**送配電線における被害**　送配電線路は厳しい自然環境にさらされていることから，事故原因の大半は自然条件（雷，風，雨，雪）によるもので，その中でもとくに雷サージによる事故が多い．

3・1 電力設備

　長年にわたる雷害対策の結果，設備被害を受けることが少なくなってきており，現在対策の主眼は停電事故の防止にある．

　送電線の雷サージによる事故は，電圧階級が高いほど絶縁レベルが高いため事故率は小さい．しかし原子力，大容量火力発電所の275 kV，500 kV送電線など基幹送電線の事故は，ひとたび発生すると広範囲に影響を与えるので，系統対策や再閉路方式と合わせて入念な雷害対策を実施している．

　送電線事故はトリップ事故と供給支障を伴う事故に分類される．

　送電線では，事故発生時に遮断器を開放して送電を一時的に中断，無電圧状態をへたのち遮断器をふたたび投入する再閉路方式を適用し，短時間で事故を除去し復旧を図っている．この遮断器操作を伴

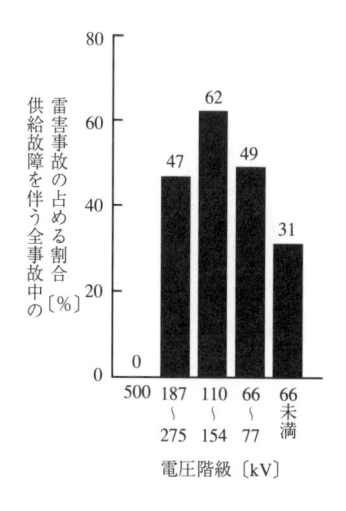

図3・8　供給支障を伴う事故件数中の雷害
　　　　事故件数の比率
　　　（1980年4月～1985年3月，全電力会社）

う事故をトリップ事故と呼んでいる．大部分の事故はこの操作によって正常な送電状態に戻るが，復旧することができなかった場合は供給支障を伴う事故（停電事故）にいたることがある．

図3・8は供給支障を伴う事故件数中の雷害事故の占める割合を示す．

送電線全体では事故の46%が雷害事故であり，雷は依然として最大の事故原因である．

図3・9(a)は雷による送電トリップ件数で，66～77kV系統の送電線での事故が圧倒的に多いことがわかる．

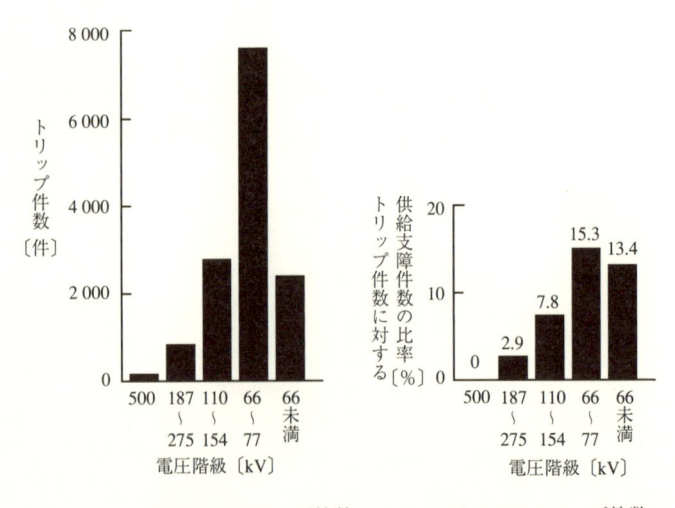

(a) 雷によるトリップ件数

(b) 雷によるトリップ件数に対する供給支障件数の比率

図3・9　雷による送電線トリップ件数と供給支障の比率
（1980年4月～1985年3月，全電力会社）

同図(b)は雷によるトリップ件数に対する供給支障件数の比である．500kV送電線では供給支障の比率は0％，187〜275kV送電線でも2.9%と低い値となっている．

図3・10は，雷によるトリップ事故件数を100km，1年あたりの件数（事故率）で示したもので，低電圧階級になるにつれて事故率の増大することがわかる．

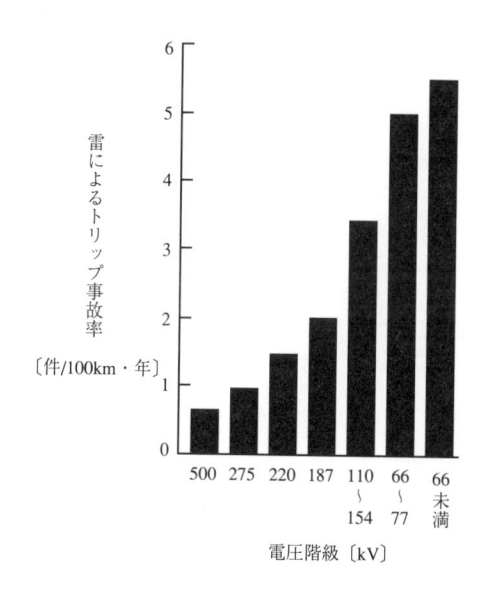

図3・10 送電線の雷によるトリップ事故率
(1980年4月〜1985年3月，全電力会社)

図3・11より冬季雷地域の500kV送電線では2回線事故のうち高速再閉路方式の適用困難な4線以上にまたがる事故が16%の高率で発生していることがわかる．これらの事故は供給支障に発展する可

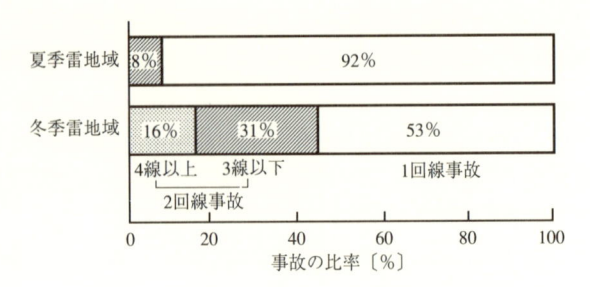

図3・11 500kV平衡高絶縁送電線の雷害事故様相
(1966年2月〜1982年3月,全電力会社)

表3・1 雷による設備被害発生率
(1980年4月〜1985年3月,9電力会社および電源開発)

500kV	187〜275kV	110〜154kV	66〜77kV	66kV 未満
0.0	0.056	0.036	0.077	0.179

単位；件/100km・年

能性を秘めているため,この事故の防止はきわめて重要である.

表3・1は設備被害発生率を示したもので,雷が原因でがいし破損,素線切れなど,電線に損傷を生じた事故の発生率を示す.

近年は,アークホーン,アーマロッドの使用,保護リレーの信頼性向上などによって送電線路が設備被害を受けることは少なくなってきている.しかし,77kV以下の系統では,なお,0.08件/100km・年以上の被害が発生している.

配電線では,がいし,各種機器および絶縁電線が使用されているが,送電線や発変電所の設備と比較して絶縁強度が低いことから,直撃雷のみならず配電線近傍落雷時の誘導雷サージも事故原因となる.

3・1 電力設備

配電線の雷サージ防止対策には，避雷器，架空地線をはじめ，多様な方式が用いられている．ある電力会社の昭和63年度の高圧配電線事故のうち雷による被害は27％を占めている．

配電線路の雷による工作物被害率は，落雷回数，耐雷設備の施設状況に大きく影響される．

1980～1987年度における架空高圧配電線の雷事故件数は，9電力会社合計で年間2000～4000件で，全事故に対する割合は30～40％を占めている．

これを事故率（高圧線延長1000kmあたりの雷事故件数）で示すと1.1～2.5件/1000km・年 となり，年度別にばらつきがあるものの減少傾向になっている．供給支障事故の原因となった雷被害工作物から見ると，柱上変圧器の被害を伴う事故が全体の43％を占めて最も多い．

一方，雷害事故発生時期で見ると，夏季雷が主体となる4～9月の事故が圧倒的に多く90％以上に達し，日本海側では10～3月の冬季雷による事故がかなりの割合を占めている．

全国の高圧自家用電気工作物（4電力会社管内の高圧自家用はのぞく）の波及事故件数の推移を図3・12に示す．ここで波及事故とは，

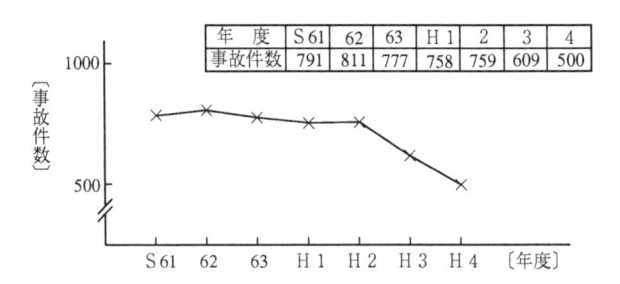

年　度	S61	62	63	H1	2	3	4
事故件数	791	811	777	758	759	609	500

図3・12　高圧自家用電気工作物の波及事故件数の推移
　　　　（ただし，4電力会社管内の高圧自家用はのぞく）

自家用電気工作物の事故が配電線に波及し供給変電所のリレーを動作させることをいう．波及事故は，この図に示すようにほぼ横ばいの傾向にある．

この波及事故の発生箇所は図3・13に示すように，ケーブル本体およびケーブル端末部（36％），開閉器（34％）の順となっている．

また事故原因は図3・14に示すとおり，自然劣化（32％），気象条件として雷害（24％）および電気施設の保守不良（12％）が主な事故原因である．

襲雷頻度の割合に応じて配電線路や自家用工作物にも直撃雷サージが発生していると考えられる．雷による電気機器の焼損は，雷サージが引き金となり系統の短絡電流によって生じるため，正確な測

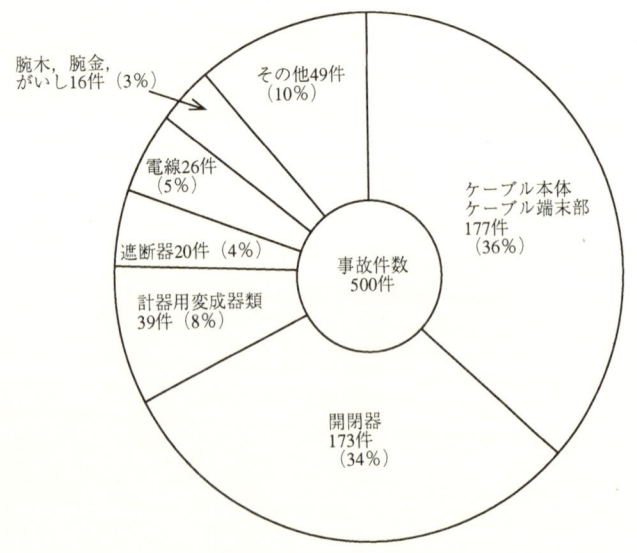

図3・13 高圧自家用電気工作物の波及事故発生箇所の内訳
（平成4年度）

3・1 電力設備　　　　　　　　　　　　　　　　　　　　　　　　　51

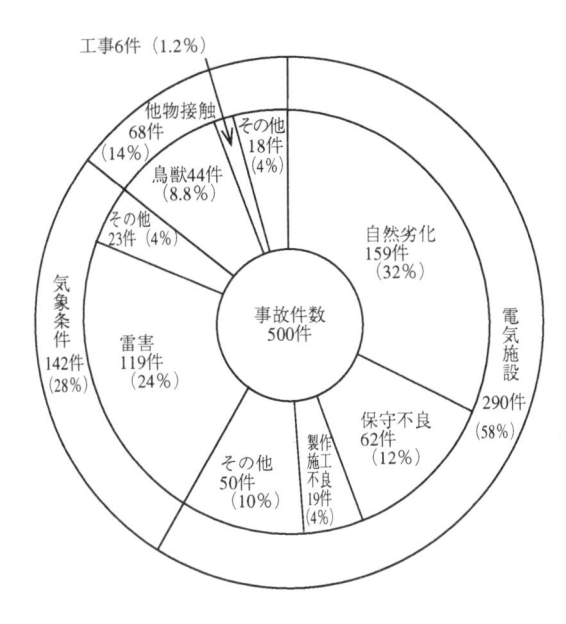

図3・14　高圧自家用電気工作物の波及事故原因の内訳
　　　　（平成4年度）

定がされていなければ，その事故が落雷（直撃雷）によるものか，誘導雷によるのかを明らかにすることは非常に難しい．しかしコンクリート柱の欠損や，木柱に亀裂を生じている例があることから見て，配電線路および自家用工作物の雷害事故には直撃雷によるものが含まれていることは確かである．

(2) 開閉サージによる被害

電力系統に接続されている発電機，変圧器，遮断器あるいは送配電線路の絶縁がいしなどすべての機器絶縁は，その系統電圧を基準

とした試験電圧に耐えるものが使用されている．しかしときにはその電圧を超える過電圧が発生し，機器絶縁を破壊し故障となる場合がある．事故統計を見ても相当数が過電圧によって事故となったものがあり，機器絶縁，送配電線路の絶縁などを決める場合には，まず電力系統に発生する過電圧の種類とその性質を知る必要がある．

そこで開閉サージを発生させる代表例について説明しよう．

(a) **無負荷線路の開閉**　無負荷線路を開路すると，図3・15に示すように線路の充電電流を遮断することになる．充電電流は線路電圧と90°の位相差をもっているので，1相の充電電流の零点で遮断器を開極したとすれば，残留電荷により線路は最大値$\sqrt{2}E$に充電されたままとなる．遮断器の電源側電圧は電源周波数で変化しているので，開極から180°経過すれば開極時と逆極性の最大波高値に達し，遮断器極間には$2\sqrt{2}E$の電位差を生ずる．

この電圧に極間絶縁耐力が耐えないときには極間はアークでつながる．これを再点弧と呼んでいる．再点弧したとき，線路側電圧は

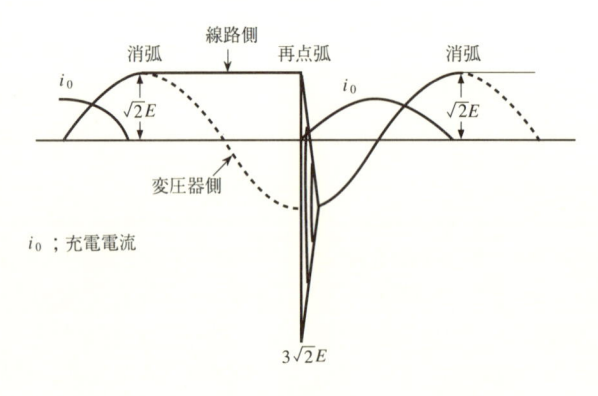

図3・15　サージ電圧の発生モデル（基本波消弧）

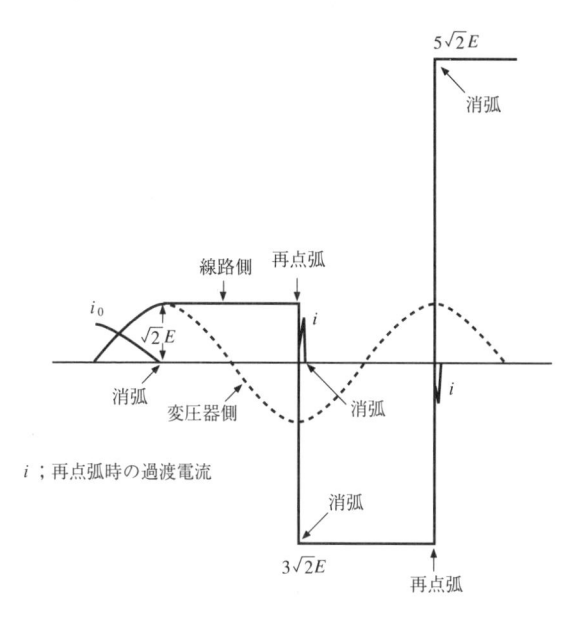

図3・16 サージ電圧の発生モデル（高周波消弧）

電源側電圧に変化するため，最大 $3\sqrt{2}\,E$ まで上昇する．一度再点弧すれば充電電流が流れ，半周期後の零点で再び消弧すれば線路側残留電圧は $+\sqrt{2}\,E$ となる．このような現象を低周波消弧といっており最大 $3\sqrt{2}\,E$ が発生する．

これに対して図3・16に示すように第1回の再点弧により過渡振動電圧が $3\sqrt{2}\,E$ まで上昇したとき，過渡振動電流は90°位相差があるため，このときに消弧した（電圧最大値のとき電流零であるから）とすると線路側電圧として $3\sqrt{2}\,E$ が残留する．次の半周期で2回目の再点弧をしたとすると，電位差は $4\sqrt{2}\,E$ であるから過渡振動

により$5\sqrt{2}\,E$の電圧が発生することになる．これを高周波消弧と呼んでいるが，実際にこのような現象はまれである．この過電圧は無負荷の架空送電線，ケーブルまたはコンデンサ群の開閉時に発生するもので，主として遮断器内の再点弧に起因して発生するサージである．

このようなサージ電圧倍数は回路条件，遮断器の種類によって異なり，しかも確率的なものであるから，実測記録を集積する必要がある．各地における実測記録の統計的数値を示したのが表3・2，表3・3である．

(i) 回路条件とサージ電圧倍数

電力系統の中性点接地方式とサージ電圧倍数の関係は計算や実例結果より，非接地系統の場合のほうが大きなサージ電圧が発生する

表3・2　わが国の開閉サージ電圧の実測結果

	3倍以上	2～3倍	2倍以下
遮　断	0.3%	16.5%	83.2%
投　入	0	2.5%	97.5%

表3・3　英国132kV系の開閉サージ電圧の実測結果

測定点	開閉サージ電圧倍数	2.5倍以上	2倍以上	1.5倍以上	1.2倍以上
遮　断	線路側 (2.2)	0.5%*	40%	95%	—
	母線側 (1.7)	—	0.5%以下*	30%	85%
投　入	線路側 (1.36)	—	0.5%以下*	40%	95%
	母線側 (1.5)	—	—	3%	80%

*は統計的推定値
(　)内は実測された最高値

可能性が多いことが知られており,同一頻度の場合で約1.2倍になっている.

この原因は非接地の場合には中性点に電荷が蓄積し,中性点電圧が浮動し,その分だけ変圧器側対地電位が上昇し遮断器極間電圧が大きくなり,再点弧時に過渡振動電圧が大きくなるものと考えられる.

(ii) 架空地中併用系統

20kV級系統の配電線路では架空線およびケーブルが混在する.このような系統ではケーブルと架空線のサージインピーダンスの不整合および機器のインピーダンスの影響も含めて,サージの反射透過のくり返しが原因と推定される高周波振動が顕著に発生する.この場合,電源側並列サージインピーダンスが大きい(50Ω程度)系統では,架空線のみの系統のサージ最大倍数を考慮しておけば十分であると想定されるが,電源側並列サージインピーダンスが低い(5Ω程度)場合で,相当長い地中引出ケーブルの先端に単純な架空線路が接続される系統などでは,サージの反射透過による高周波振動が強く現れる場合があり,三相投入サージで3.2倍,1線地絡投入では5.5倍を考慮する必要がある.

(iii) 架空線路と地中線路の相違

架空線路と地中線路の開閉サージを比較してみると,普通,地中線路のほうが低い電圧となる.架空線路と地中線路の比較した計算例を図3・17に示す.これはサージインピーダンスを架空線で500Ω,地中線ケーブルで50Ω,伝搬速度を架空線を1とすると地中線ケーブルは1/2で,線路長をともに30kmとして,線路が逆極性に充電されているときに再点弧した例での計算波形である.

いまかりに再点弧電流が第1半波の零を通過するときに消弧するとすれば図中のE点で消弧する.これは非常に簡略化した説明図で

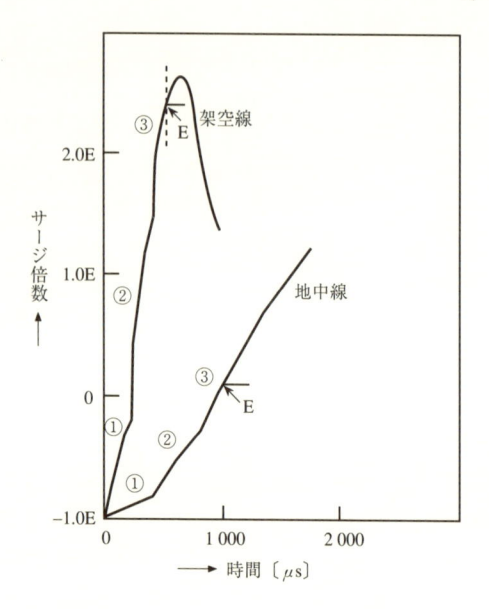

図3・17 架空線と地中線の再点弧時波形の比較

あるが，地中線のほうが架空線より再点弧時の電圧がはるかに低いことがわかる．

(b) **変圧器励磁電流の遮断**　無負荷変圧器の励磁電流など小さな誘導電流を比較的大容量定格の高速度遮断器で遮断する場合には，いわゆる電流零点遮断が行われず，電流が零になる前に強制的に遮断され過電圧が発生することは古くから知られていた．最近，高速度遮断器が使用され消弧力が増大してくると，このような現象が重要視されるようになってきた．この現象について図3・18のような簡単な単相回路を考えてみる．

はじめ遮断器Sが閉路の状態にあり，L_tに流れる電流が i_e なる瞬

3・1 電力設備

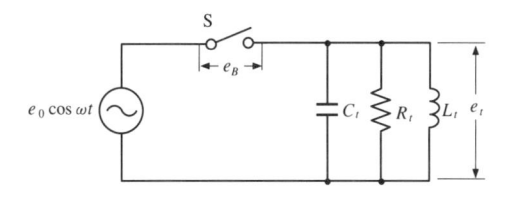

図3・18 等価回路

時で遮断されたとすると $(L_t i_e^2/2)$ なるリアクタンス（または無負荷変圧器）のエネルギーはまずリアクタンス端子の等価容量 C_t を充電し，$L_t C_t$ の振動回路の時定数で L_t の端子電圧 e_t は急激に上昇する．その電圧が遮断器極間の絶縁耐力を上回ると，いわゆる再点弧が発生し，そのエネルギーの一部が電源側に流入することになる．その後，再点弧電流が零値を通過するとき遮断され，ふたたび上記のようにリアクタンス側の電圧が上昇する．遮断器の極間で上記のような点弧と消弧の現象がくり返される間に遮断器の接触子が十分に開離すると，遮断器極間の絶縁耐力のほうが大となり，回路は完全に遮断される．

i_t の電流が截断された場合，リアクタンス端子に発生する開閉サージの目安としては

$$L_t i_t^2 = C_t \cdot e_t^2$$

を考えればよい．

回路電圧を一定とすれば，遮断器の形式や回路定数によってサージ電圧の発生する電流範囲は異なるが，試験結果の一例を示すと図3・19のようである．

この図は，BBCの220kV空気遮断器の場合で遮断電流20Aで最高の開閉サージを発生しており，一般に10〜30Aの範囲の遮断電流の場合に最大サージ電圧が発生するといわれている．

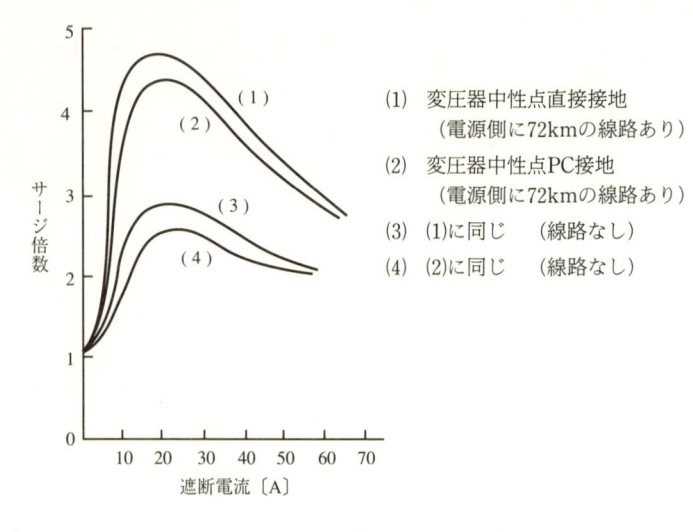

(1) 変圧器中性点直接接地
    (電源側に72kmの線路あり)
(2) 変圧器中性点PC接地
    (電源側に72kmの線路あり)
(3) (1)に同じ　　(線路なし)
(4) (2)に同じ　　(線路なし)

図3・19　遮断電流と最大サージ電圧

(c) **間欠アーク地絡**　　系統の1線が地絡した場合，1線の地絡電流は中性点が非接地または消弧リアクトル接地の場合は，地絡電流がきわめて少なく故障点の状況いかんによって自然消弧が行われる．この際，故障点の絶縁回復特性のいかんによっては消弧と再点弧がくり返され，中性点に残留電圧が累積されて異常なサージ電圧を発生する．

この発生機構には，㋑基本波消弧，㋺高周波消弧の二つの場合がある．ここで，㋑は商用周波性過電圧として扱うため，㋺の高周波消弧によるサージ電圧について述べる．

高周波消弧によるサージ電圧は，図3・20に示すように地絡時の健全相の過渡振動分の波高値である．この値は地絡電流の過渡振動分が零値を通過するときに消弧すると仮定した場合で，このような消

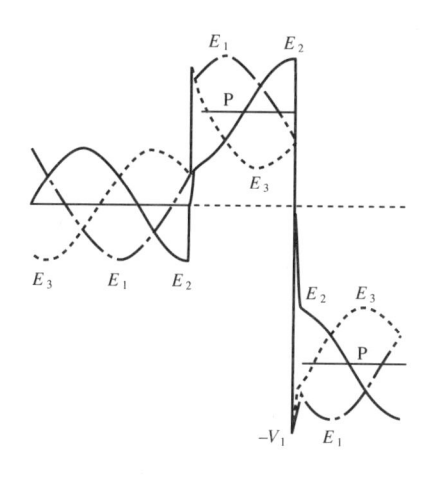

図3・20　高周波消弧時のサージ電圧

弧・点弧をくり返すと最大7.5倍のサージ電圧を発生するといわれている．しかし一般に，このような理想的な故障点の絶縁回復は実系統では皆無といって差し支えなく，最も危険とされる油中ならびに固体絶縁物中（ブッシングとかケーブル内）の試験によっても，このような累積的な電圧上昇は経験されていない．最悪状態で，非接地系で4.5倍，消弧リアクトル系では2.5倍が発生するが，わが国における実測結果では，ケーブル系統で3.4倍が最高である．

諸外国の実測結果を見ると，スイスで3 kV非接地架空線系統の間欠アーク地絡で最高3.5倍，ソ連ではそれと同様な系統で3.1倍が実測されている．

(d) **開閉の不揃い**　一般の発変電所において，変圧器の低圧側を開放状態にして高圧側遮断器を投入することは日常操作であるが，変圧器の中性点が非接地で巻線比の大きい，たとえば70kV/ 3 kV，

60kV/3kV といったような変圧器で，一次，二次巻線間に静電遮へい装置のないものは，投入遮断器の接点の不揃いにより，三相が同時に投入されない場合がある．これは遮断器接点が同一速度で移動していても電位差が交流で変化しているので，必ず1相が先に投入されることは推察される．第1相投入時には，中性点接地のため内部電位振動を無視すれば巻線全部が第1相の電圧変化と等しい変化をする．この電圧が，高圧巻線と低圧巻線の静電容量と低圧巻線の対地静電容量の比により分圧される．次に第2相が投入されれば，一次巻線電位の平均は投入瞬時の第1，第2相の瞬時値の和の1/2に変化するから，その電圧が二次側に静電的に分圧され，同時に単相電圧が印加されることになるので電磁誘導電圧も二次側に誘起される．第3相が投入されれば三相の対地電圧の和は零となるため，二次側の静電誘導電圧は零となり巻線比による電磁誘導電圧のみとなる．このような投入の不揃いによる静電的な二次移行電圧の値は，変圧器の構造によっても異なるが，30～60%（高圧側印加電圧に対しての数値）にも達することがある．この値は，低圧側電圧から見ると試験電圧を超過する場合もあり，実際の系統において低圧側フラッシオーバ事故の原因となったこともある．表3・4は二次移行電圧の実測例を示したもので，低圧側電圧に対しては6～7倍ものサー

表3・4 サージ電圧発生頻度表

電 圧 倍 数	3～4	4～5	5～6	6～7
発 生 回 数	8回	12回	10回	3回
誘起百分率	24.2%	36.4%	30.3%	9.1%
誘 起 率	15～20%	20～25%	25～30%	30～35%
電圧値[kV]	8.5～11.3	11.3～14	14～17	17～19.7

（注） 誘起率とは高圧側波高値に対する低圧側波高値の比率

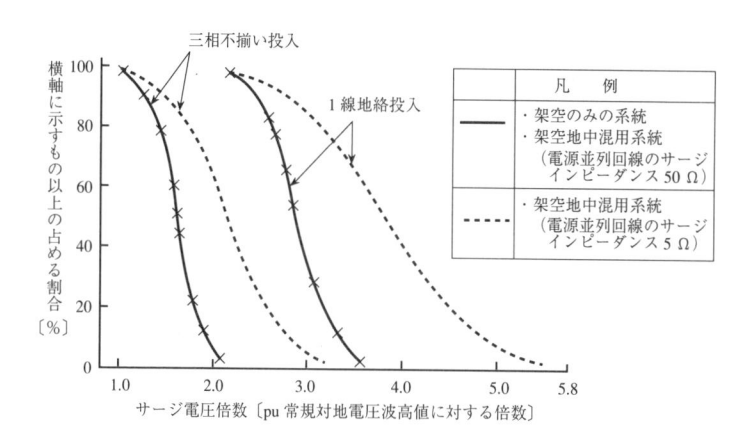

図3・21 開閉サージ倍数別累積発生頻度曲線

ジ電圧となっている．

20kV級の架空配電系統での遮断器の投入不揃いによる開閉サージの大きさとその発生確率を実測結果より図3・21に示す．これは発生頻度の目安をつけるため，開閉サージは遮断器投入1回につき1回発生，その大きさは投入位相により左右されるものとし，遮断器投入回数を，1線地絡投入回数は5回/年/回線，3相不揃い投入回数は10回/年/回線と想定して，開閉サージ倍数と発生頻度を計算したものである．

3・2 通信設備

(1) 雷サージによる被害

電力通信は，電力保安通信として電力供給設備の保護情報，被害時の復旧，操作およびその指令などの情報伝送を任務としている．

表3・5は電力通信設備の雷害について電気協同研究会がまとめた

表3・5　無線局の実態調査の概要

	局種別	マイクロ局			U/VHF局
項目		中継所	電気所	事務所	
局年		1 485	3 735	1 217	3 080
設置実態	標　高	高所：平均637m 1 000m以上の標高にまで設置	低所：平均161m 500m以下がほとんど	低所：平均101m 500m以下がほとんど	低所～高所局の標高は，広範囲に分布
	地　形	山上/山腹	山腹/田園	都市部	山上/山腹
	IKL	全般的に分布	全般的に分布	全般的に分布	全般的に分布
	敷地面積	約80%は 900m²以下	約90%は 2 500m²以上	全般的に分布	約70%は 100m²以下
	接地抵抗	約70%は 10Ω以下	約75%は 1Ω以下	約90%は 10Ω以下	約50%は 10Ω以下
	建物寸法	平均8×8 m	平均24×20m	平均28×27m	———
	鉄塔高	約80%は 50m以下 （平均36m）	約90%は 80m以下 平均50m	約90%は 80m以下 平均50m	約95%は39m以下の鉄柱
	鉄塔位置	約60%は地上型	約50%は地上型	約80%は屋上型	約90%は地上型
被害率		4.4件/100局年	0.9件/100局年	0.6件/100局年	2.8件/100局年

調査期間；昭和49年4月～昭和58年3月

電力通信無線局の実態調査結果の概要である．

この調査より，被害率から見ると標高が高く，建物寸法が他に比較して約1/3と小さい中継所が最も多い．

被害は無線機，リモコン，EG制御盤，電源用保安装置などの外部と接続される機器に多く発生している．被害を及ぼす雷の侵入箇所はほとんどが鉄塔への直撃雷と考えられている．図3・22は鉄塔接地抵抗別による雷害率を示したもので，接地抵抗が低いことは，被害率を低下させる大きな要素であるが，無線局種別によってもその効

3・2 通信設備

〔件/100局年〕

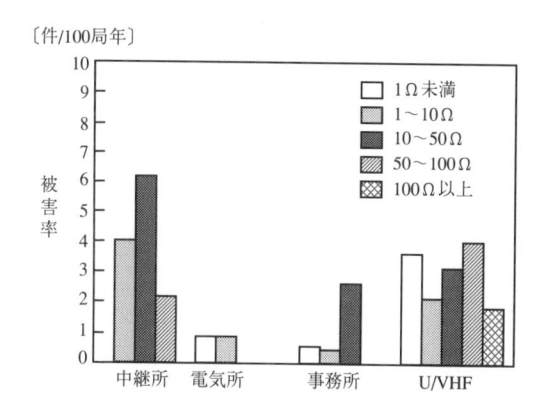

図3・22 鉄塔の接地抵抗別の被害率

果は異なる．

とくに鉄塔地上型中継所では，鉄塔，局舎の基礎抗がある場合，これにより接地抵抗が低減され被害率が低い．

なお，電気所は構内敷地が広く接地抵抗が低いため，基礎抗の効果はみられない．

被害発生の状況を見ると，中継所の約7％が複数回被害を受けていた．これらの局に共通する点は，標高700m以上の山上に設置されている．また施工面での特徴には，

(i) ピット内配線の場合，電源用保安装置の避雷器接地線と信号線が平行または混在していた．

(ii) 電源用保安装置の対象外としていた空調，コンセント，電灯などに被害を受けていた．

(iii) 電源用保安装置は遠方接地であった．

などがある．

一方通信設備では，ファクシミリやホームテレホンなど通信装置

の多様化・高度化に伴いAC電源を使用する宅内通信装置が増大している.これらの通信装置には通信線とAC電源線の両方から雷サージが侵入することや,通信系とAC電源系の接地が分離しているためその間に電位差が生じることなど,通信線のみに接続される従来の単独電話機よりもきわめて厳しい環境下におかれている.

通信機器は,設置されている環境や機器自体の雷サージに対する耐圧がそれぞれ異なるため,その雷害状況もいろいろである.NTTが調査した通信設備別雷害状況を表3·6に示す.同表に示すように,線路設備,宅内機器,交換機器,伝送機器,電力機器など各種設備にわたって広範囲に被害が発生している.

通信設備の雷害は,昭和40年代前半に通信機器にトランジスタが

表3·6 通信設備別雷害状況　　　　(昭和52年度)

設備別		雷害件数/件	主要雷害設備
線　路	市　内　系	約1500	架空(94%),地下(6%)
	市　外　系	33	市外PEF(79%),同軸(21%)
宅　内　機　器		約120 000	保安器(86%),ボタン電話装置(8%),電話機(3%)
交　換　機　器		377	PBX(36%),地集(21%),H形(15%),C460(11%)
搬　送　機　器		164	PCM-24(78%),T-12SR(5%)
電信・データ機器		380	TEX(73%),FAX(10%),DT宅内(9%)
交換局電力機器		43	可搬形局(70%),一般局(30%)
無線中継所機器		93	電力機器(64%),無線機器(36%)

導入されてからとくに問題となり,その後,通信機器のIC化,通信設備の郊外地域への拡大,宅内機器のローカル給電化などに伴ってますますクローズアップされてきた.宅内機器の雷害のうち大部分は保安器(86%)で,この保安器はヒューズと避雷器で構成されて

いるが，雷害は大部分がヒューズ断である．

一方，電話機の雷害の状況を見ると，一般電話機と比ベローカル給電される電話機であるボタン電話機の雷害件数のほうが3倍程度多い．

両電話機の設備数を考慮すると，ローカル給電された電話機の雷害率は，ローカル給電されていない電話機のそれに比べ1桁以上大きいことが推定される．これはローカル給電された電話機では，通信系とAC電源系間に大きな電位が印加されることが原因と考えられる．

さらに一般家屋に直撃雷を受けるのはきわめてまれであるが，ビルや電話局，山頂無線中継所などには直撃雷による影響がある．

この直撃雷による通信装置への影響には，

（i）雷サージ電流が建物鉄筋・鉄骨などに流れるため，同じ建物内でもフロアが異なっていたり，離れた場所に設置された装置間に電位差が生じる．

（ii）直撃雷サージ電流によってその建物の接地電位が上昇するため，遠方に接地点を有する通信線やAC電源線にサージ電流が流れ出し，その流出点の避雷器などが破壊される．

(2) 開閉サージによる被害

電力系統の低圧制御回路に発生するサージは，低圧制御回路機器の絶縁破壊と障害の主原因となっている．電気協同研究会で予測した低圧サージを表3・7に示す．

3・3 半導体設備

近年の高度な半導体応用技術は多彩な方向へ飛躍的な発展を続けており，高度情報化社会における産業，経済，交通，秩序維持など，社会活動の中枢神経の役割を占めるようになってきた．これらに応

表3·7　低圧制御回路のサージ概要
（金属シースのないケーブルを用いた発変電所）

発生サージ種別		サージの波高値と発生箇所	発生頻度の目安
断路器サージ 　発弧時，高周波サージ電流がコンデンサ形計器用変圧器を流れその電流により誘導		機器側　　約4.3kV 配電盤側　約2.4kV	1年に約100回 （操作回数）
コンデンサ開閉サージ		機器側　数百V以下	開閉操作ごとに発生
コンデンサ形計器用変圧器2次側移行サージ		機器側 配電盤側　数百V以下	1次側は雷サージ侵入ごとに発生
変流器2次側移行サージ	地絡サージ	機器側　約4.7kV 配電盤側　〜7.7kV 　　　　　以下	至近端地絡ごと，約40年に1回
直流回路の開閉サージ		機器側 配電盤側　約3kV 　　　　　以下	遮断器操作，コイル開閉ごとに発生

用される半導体機器システムは，従来の低電圧機器では問題にされなかった低いレベルのサージ，ノイズにより劣化あるいは破壊したり，また誤動作して，それによりこうむる二次的な被害は計り知れない．したがって，これらのシステムを雷サージから保護するためには，従来では考える必要のなかった領域の現象にまで配慮した対策をとることが必要である．しかしながら，現時点ではまだこの観点に立った対策がオーソライズされたものがなく，対策面より応用面のほうがますます先行しているのが現状である．

3・3 半導体設備

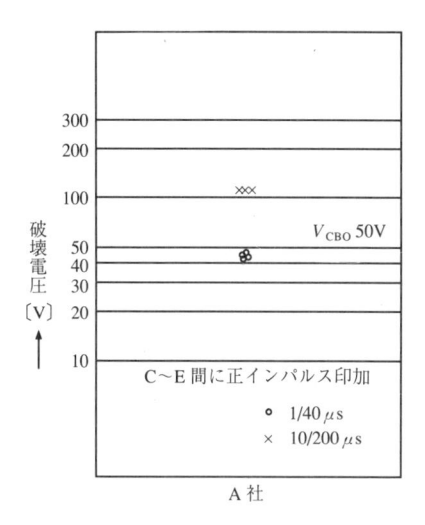

図3・23 トランジスタのインパルス電圧破壊特性

　現在，半導体機器に使用されている，たとえば，トランジスタ，ダイオード，ICをはじめとする半導体素子は従来の真空管あるいは機械的接点などと比較して，とくに雷サージに弱い．

　また，これら半導体は自己回復性がないため，永久破壊にいたるのがほとんどである．

　その一例を図3・23に示すが，トランジスタの雷インパルス電圧(人工的に雷を模擬したもの）による破壊電圧が雷サージ波形によりどの程度相違するか調べた結果，最大100V程度であることがわかった．

　このような半導体を用いた回路にサージ電圧が侵入してきた場合，その雷サージ電圧により，回路に組込まれた変圧器やアナログ回路が誤動作し，あるいは電子部品が破壊され，回路の機能が停止され

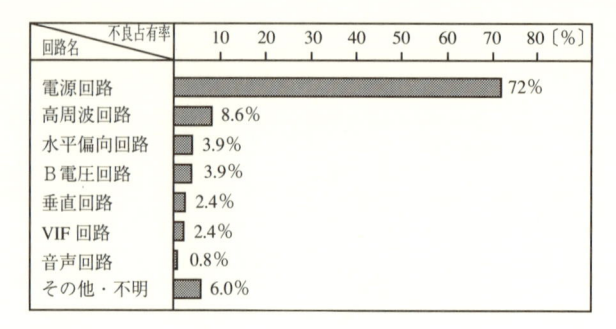

回路名 \ 不良占有率	
電源回路	72%
高周波回路	8.6%
水平偏向回路	3.9%
B電圧回路	3.9%
垂直回路	2.4%
VIF回路	2.4%
音声回路	0.8%
その他・不明	6.0%

(a) テレビセット回路別雷害不良占有率

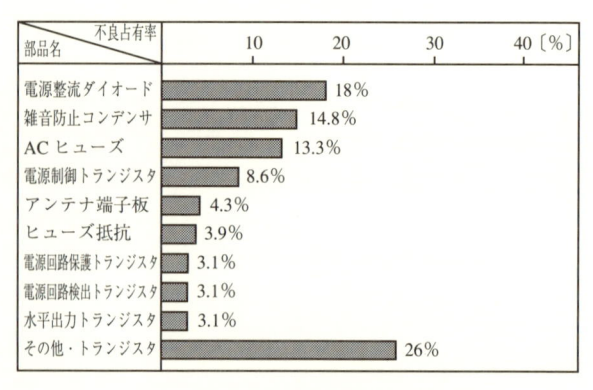

部品名 \ 不良占有率	
電源整流ダイオード	18%
雑音防止コンデンサ	14.8%
ACヒューズ	13.3%
電源制御トランジスタ	8.6%
アンテナ端子板	4.3%
ヒューズ抵抗	3.9%
電源回路保護トランジスタ	3.1%
電源回路検出トランジスタ	3.1%
水平出力トランジスタ	3.1%
その他・トランジスタ	26%

(b) テレビセット部品別雷害不良占有率

調 査 期 間；S.51.6〜9.（4か月）
地　　　　域；日本全国
合計不良件数；396件

図3・24　テレビセットにおける雷害不良調査分析

ることがしばしばある．関西電子工業振興センタ雷サージ研究会が調査したテレビにおける雷害状況を図3・24に示す．

3·4 その他の被害

落雷による被害は電気設備以外にも多くあり,人身事故,建物などの事故がある.

(1) 人身事故

1954年から1969年までのわが国の落雷による年間の死者の平均は33.7人で,負傷者の平均は37.2人であった.とくに近年,登山中やゴルフ場での落雷事故というような,レジャー関係の事故が注目を引くようになってきている.たとえば,アメリカの人気プロ,L.トレビノが15年前,ウェスタンオープンで落雷にあい全身しびれた事故は有名で,わが国では樋口久子プロも約20年前に栃木・日光CCでプレー中スカートのファスナーに落雷し失神,今でもヤケドのあとが残っているという(1990年8月7日 サンケイスポーツ).

1990年8月,宮城県のレーシング場でスタンド裏の松の木(高さ8m)に落雷があり,木の下で雨宿りしていた三十数人の観客のう

姿勢を低くして
うずくまる.
手をついたりして
体を広げるのは
危険

図3·25 姿 勢

ち15人がショックではね飛ばされるなどの事故があった(1990年6月22日　毎日新聞).そこでこのような被害を受けないための"安全対策と避雷心得"を次に述べる.

(i)　周囲が開けた原っぱやグランドなどでは,できるだけ姿勢を低くして地面にしゃがむようにする.しかし,地面に伏せることは禁物(図3・25参照)である.

(ii)　高い樹木,建物,煙突,電柱など高いものから必ず2m以上離れる.

高さが5m以上あれば,どの枝先,葉先からも2m以上離れて,そのてっぺんを45°の仰度で見る範囲でも姿勢を低くする.間違っても樹木に寄りかかったり,手を触れることのないように気をつける.ゴルフ場の被害の大部分はこの場合が多い(図3・26参照).

(iii)　大勢一緒にいたら散らばる.

(iv)　山頂,屋根,屋上,その他高いところから早く離れる.たと

図3・26　樹木からの距離

3・4 その他の被害

洞穴や窪地に
姿勢を低くして待つ

図3・27 登山中での避難

えば，ほら穴やくぼ地に姿勢を低くして避難する．登山のベテランになると，ピッケルがジーンと鳴ったり，頭髪がモソモソしだすと雷雲の発生していることを察知できるという（図3・27参照）．

(v) 家の中に居るときは可能な限り部屋の中央部に座る．壁に寄りかかったり，テレビには触れないようにする．

(vi) 身につけた金属類をすてても安全にならない．

ゴム長ぐつ，雨合羽，テントのシートなどの絶縁物は全く役に立たない．

(vii) テントを張るとき(ii)，(iv)を守ってそれらを避けた場所へ設置する．もしこれができない場合には，テントから出て避難する．

(viii) 雷雲は大まかに山あいや川すじに沿って移動する性質があるので，河川敷でのスポーツはとくに注意が必要である．雷鳴の前兆を感じたら，一刻も早く小屋や自動車の中へ逃げること．小屋では柱に手をふれないこと．

また，自動車の中は建物の中と同じで安全であるが，ハンドルな

どに手を触れないほうがよい．

(2) 森林火災，建築物

わが国ではあまり問題になっていないが，カナダなどでは，林業は国の経済の重要な役割を果たしているので，落雷による森林火災は大きな社会問題となっている．

カナダで発生した森林火災で約30%の火災は落雷によるものである．

木造建築物では落雷し火災となることは多く，近傍の落雷で電力線に誘導され引込口より雷サージが侵入し，フラッシオーバの火花で近くの可燃物に引火し火災を引き起こす．

めずらしい例として，1989年6月東京都墨田区の町工場の火災がある．落雷により近くの電柱より地中を通り工場引込口に設置されたコンデンサ接地線に侵入し，コンデンサの絶縁を破壊し，その炎が原因で工場火災となったことがあった（図3・28参照）（読売新聞）．

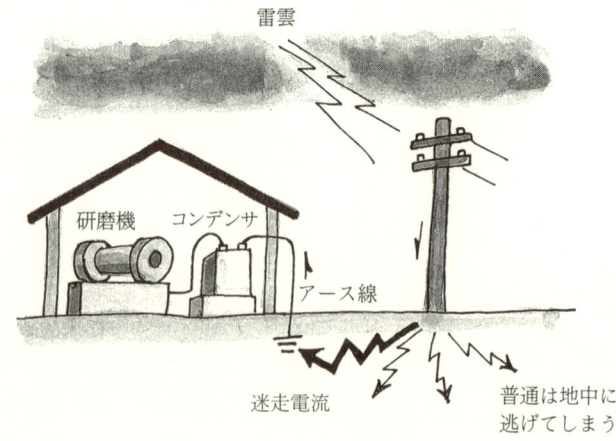

図3・28　接地線よりの侵入

3・4 その他の被害

(3) 危険物貯蔵庫等の建物

石油類，火薬類，可燃性液体，可燃性ガス，金属粉などの貯蔵庫あるいはそれらの精製工程，集積場所，輸送管などに落雷すると，爆発，火災などの2次的な災害が発生することがある．

石油タンクの落雷による災害例は多い．最近では1990年6月ソ連チュメン州ネフチェユガンスク郊外のカラカチェブイ石油貯蔵所で約5千トンの液体燃料が貯蔵されたタンクに落雷し，強風のため隣接するタンク3基に次々と引火延焼．同貯蔵所には2万トンのタンク14基などがある．鎮火に向かっているが，しかし消火活動で液体燃料などに水が混入したため，爆発の危険がまだ残っている，と報じられた（毎日新聞）．

落雷による災害防止のため，建築基準法，火薬類取締法などにより，高さ20m以上の建物には避雷針〔日本工業規格 JIS A 4201：先端の金属棒と接地電極を結ぶ導線は，断面積30mm²以上（銅線の場合），接地抵抗は10Ω以下となっていて，落雷を受けたとき建造物に発火・損傷を与えることなく，雷電流を安全に大地に導く働きをするもの〕を取りつけることが定められ，火薬，可燃性液体，可燃性

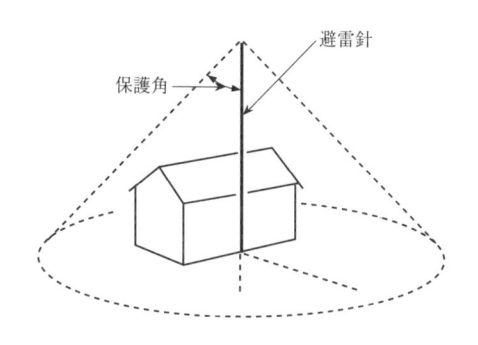

図3・29　避雷針の保護範囲と保護角

ガスなどの危険物は保護角45°以下に貯蔵することが規定されている．

通常の物体に対しては60°としている（図3・29参照）．

避雷針の保護範囲は，実用上このように扱われているが，これを科学的，定量的に決定することは困難で，今日でも解決にいたっていない．

保護範囲は，単純に避雷針の高さだけで定まるものではなく，中和される雷雲の電荷の極性，その地表に対する相対的な分布状態，放電の特性などに依存し，幾何学的な形状で割り切れるものではない．

実際，日本海沿岸の高さ200m以上の鉄塔，煙突を見ると，夏と冬では落雷を吸引する範囲が著しく変わっている．そこで近年避雷設

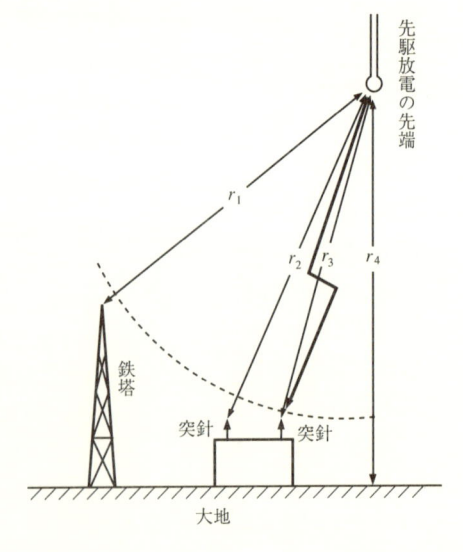

図3・30　地上物体に接近した先駆放電からの放電

備の保護範囲を決める要因の一つである雷撃距離 r_s ($r_s = KI^n$, I：雷撃電流, K：定数, n：約0.5～0.8) の検討が行われ, その結果, 保護角を単純に40°あるいは60°とする従来の考え方と異なってきている.

すなわち, 地上物体に近づいた先駆放電がどの地上物体に落雷するかは図3・30に示すように先駆放電先端からそれぞれにいたる距離 r_1, r_2, r_3, r_4 のどれが最初に雷撃距離内に入るかによって決まる. このように雷撃距離の概念を導入して, 避雷設備の突針の高さ h が, 雷撃距離 r_s より小さい場合と大きい場合の雷保護範囲は図3・31のようになる. これは回転球体法と呼ばれ, 現在最も基本的な考え方と見られている.

IEC TC 81 (国際電気標準会議 雷保護) では, この考え方を基本に検討が進められ, わが国においても, この考え方で避雷設備の雷遮へい効果が検討されはじめている.

以上のことから, 雷撃距離は避雷設備の保護範囲を決める重要な要因であり, 図3・31および図3・32よりただ突針を高くすればよいものではなく, 高層の建築物の屋上に突針を設けても, 屋上近くの建築物側面などに落雷する可能性がある.

(4) 航空機, 自動車

気象現象に由来する事故の半数以上は被雷によるものであるが, 被雷が直接墜落につながることは非常に少なく, ほとんどその後の飛行に支障をきたしていない.

しかし墜落の可能性は皆無ではなく, 1969年2月自衛隊機墜落事故のようなことも起きている.

表3・8に航空機の被雷率を示す.

乗用車, バスなども金属で囲まれた車体で, ファラデーケージ構造となっているから, 落雷を受けても内部の乗客は安全である.

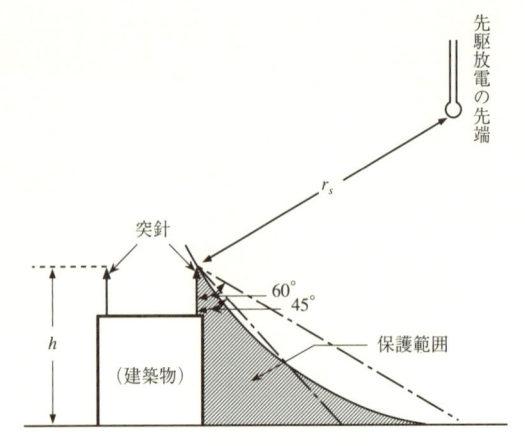

(a)　$h < r_s$，$(h ≒ 0.5 r_s)$ の場合

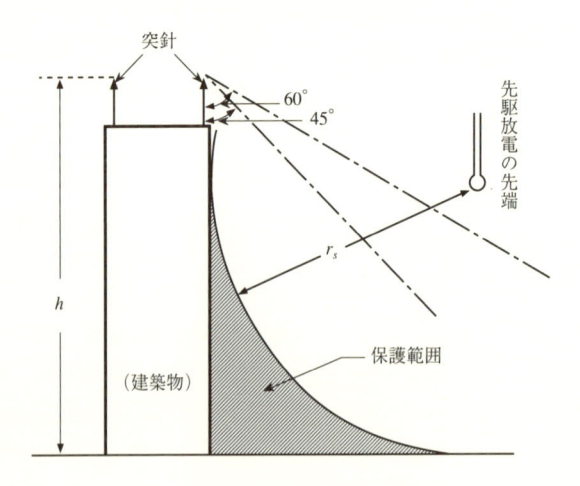

(b)　$h > r_s$，$(h ≒ 1.5 r_s)$ の場合

図3・31　回転球体法による保護範囲（例）

3・4 その他の被害

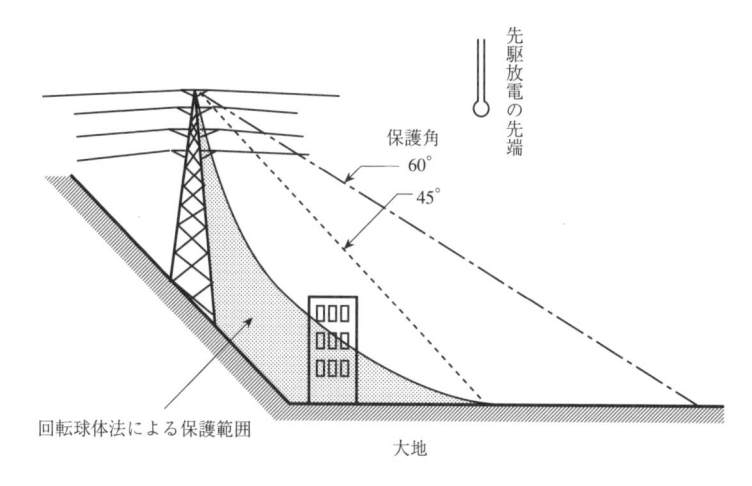

図3・32 高い建造物による保護範囲

(図中ラベル: 保護角 60°, 45°, 先駆放電の先端, 回転球体法による保護範囲, 大地)

表3・8 航空機の被雷率

機　　種	避　雷　率
YS-11(日本国内航空)	1回/3 260飛行時間
YS-11(東亜航空)	1回/3 570
Viscount(英国の調査)	1回/3 000

　自動車はゴムタイヤで大地とは絶縁されているので，落雷時は車体からゴムタイヤの表面をフラッシオーバして大地に放電する．この火花放電でタイヤがパンクすることが考えられるので，最も危険なのは，パンクによりハンドルを取られたり，強い雷光によって短時間視力を失い，対向車や道路際へ激突する2次的災害である．停車中と走行中とで，どちらが避雷しやすいかということはわかっていないが，雷雲が接近したときは必ず徐行し，できれば待避線に入

って停車し，かつエンジンを停めておくことが望ましい．

また，万一燃料タンクに引火することに備え，ドアのロックをはずしておき，素早く飛び出せる準備をしておいたほうがよい．襲雷中はできるだけ車の中心部に座っていることが最も安全である．

(5) 植 物

昔から雷の多い年は豊作であるといわれているように，雷の放電により空中に窒素酸化物が豊富に生成されるのかも知れない．また植物に雷インパルスを印加し，電気ショックを与えることにより植物の繁殖に効果があるといわれている．

4. 被害を防ぐには

　発電所の電力用機器や送電線，変電所，配電線などに使用されるすべての電力機器の絶縁は，系統電圧を基準とした試験電圧に耐えるものが使用されているが，ときには試験電圧を超える過電圧が発生し，機器絶縁が破壊される場合がある．

　このことから，電力系統の絶縁を最も経済的で合理的であるように定めることを絶縁協調という．

　この絶縁協調の基本は，IEC（国際電気標準規格）では次のように定義している．

　　〝絶縁協調とは，有効な保護装置の特性を考慮に入れながら，機器に加えられる電圧ストレスによる機器絶縁破壊の確率または供給支障の確率を経済的・運用的に受け入れられるレベルまで低減するように機器の絶縁強度を選定し，かつ，その機器を適用することである．〟

　これを図4・1により概念的に説明する．機器の絶縁強度を高める，あるいは保護装置の過電圧抑制レベルを低減すると，系統全体としての信頼度は高くなるので，絶縁破壊による事故や供給支障は少なくなり損害コストは減少する．

　しかし，機器・保護装置そのものの製品コストは増加傾向となるので全体的に見ると，コストミニマムのところが存在する．同図の両曲線の交点付近がそれであるが，実際に定量評価することは容易でなく，経験則その他の判断要素が考慮され決定されている．

　なお，絶縁協調と類似な用語として絶縁設計があるが，絶縁協調

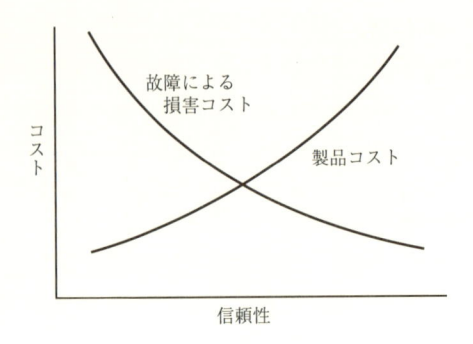

図4・1　絶縁協調概念説明

のなかの重要な検討項目あるいは作業が絶縁設計である．

電力系統の絶縁設計にあたって，系統の運転電圧に耐えることは当然で，運転時に起こる各種の過電圧，たとえば開閉サージ，その他の過電圧に対しても耐えるようにすることはもちろん，雷サージに対しても耐えうるものでなければならない．しかし，保護装置により過電圧を低減させられれば，それだけ機器の絶縁設計を低くすることができるので，絶縁設計には電力機器の絶縁レベルと保護装置との関連が重要な課題となる．すなわち，絶縁協調の目標は，電力系統の絶縁設計にあたり，各種保護装置との関連において絶縁設計を合理化し，絶縁に要する費用を最小限度にとどめ，最も大きな効果をあげようとするところにある．

このような目標のもとに，実施するにあたっての基本的な考え方を要約すると次のとおりである．

(1) 電力系統内で発生する過電圧では決してフラッシオーバしないようにする．

すなわち，地絡故障および系統に発生する商用周波性の短時間過

電圧，および系統操作，故障時開閉による開閉サージに対して機器絶縁，線路絶縁は十分に耐えうるようにする．一般に，機器の絶縁耐力は系統電圧で定められた試験電圧に耐えるものが設備されているわけであるから，系統内で発生する過電圧が，この値以内に入っているかどうかを十分に検討しておく必要がある．もし，これ以上の電圧の発生が予想されたら，これを抑制あるいは防護する対策を講ずる必要がある．

他方，がいし，ブッシングなどは濃霧，塩風，じんあいなどによってフラッシオーバ電圧が著しく低下することがあるので，これに対しては別個に対策を立てる必要がある．

(2) **落雷に対しては完全な遮へいを行う．**

雷サージを直接機器に受けたり線路導体に受けた場合は，現在の絶縁技術ではこれに対応することは不可能であるから，まず直撃雷を受けないように十分な遮へいを行う必要がある．線路では架空地線，発変電所では遮へい線，遮へい柱，避雷針などを設備し，機器や導体が保護範囲内に入るようにして直撃を防止する．また，鉄塔，架空地線などに落雷した際，逆フラッシオーバを防止するため鉄塔接地抵抗を極力低減させることが必要である．

(3) **避雷装置の適用**

発変電所，送配電線路などを遮へいしても完全に落雷を防止することは困難である．

また，遮へいを完全にするといっても経済的な制約もあり，送配電線の重要度，経過地の襲雷頻度などによって，ある程度の差異がつけられることは当然で，完全な遮へいを行うことは困難な場合がある．

したがって，導体への直撃あるいは逆フラッシオーバによって雷サージが線路に入り，発変電所を襲うことを予測しなければならな

い．

このため，発変電所ではとくに遮へいを完全にして直撃を防護するとともに，適当な保護装置を置いて完全に機器を保護する必要がある．配電線路では誘導雷を対象に避雷装置を設ける．

(4) 耐電圧試験の種類と試験電圧

高電圧系統の機器および工作物の絶縁階級に対応して絶縁強度を指定する際基準になるもので，絶縁の強さを確かめるために行う耐電圧試験の種類と試験電圧が定められている．公称電圧275kVまでは開閉インパルス試験の試験電圧値に対しての絶縁強度の規定はないが，一般には雷インパルス耐電圧値の83～85%を下回らないものとされている．さらに連続運転電圧および商用周波性の短時間過電圧にある裕度をもって耐えることを確認するため，商用周波電圧を10分間印加する試験方法もとられている．

また電力機器の低圧制御回路でのそれを図4・2に示す．

このように，絶縁強度の強さを確かめる耐電圧試験は絶縁階級に対応する試験電圧値である．すなわち，機器はこの電圧値に耐えることが必要である．それは機器の絶縁設計を行う場合の基準となる値である．

なお，絶縁設計を行う場合，基準衝撃絶縁強度(BIL)という用語が用いられていた．

この定義は"電力用機器ならびにその他の工作物の衝撃電圧に対する絶縁強度を指定する場合に基準となるべき値"とされ，数値は「衝撃耐電圧試験電圧値」JEC-193-1974と同じで，公称電圧22kV以上では，(絶縁階級×5＋50) kVの関係にある．しかし，この用語は現在使用されていない．(JEC-193による)一方，JEC-217-1984(酸化亜鉛形避雷器)ではLIWLおよびSIWLの用語を使用している．LIWL (雷インパルス耐電圧レベル) は系統の絶縁協調上，機器・設

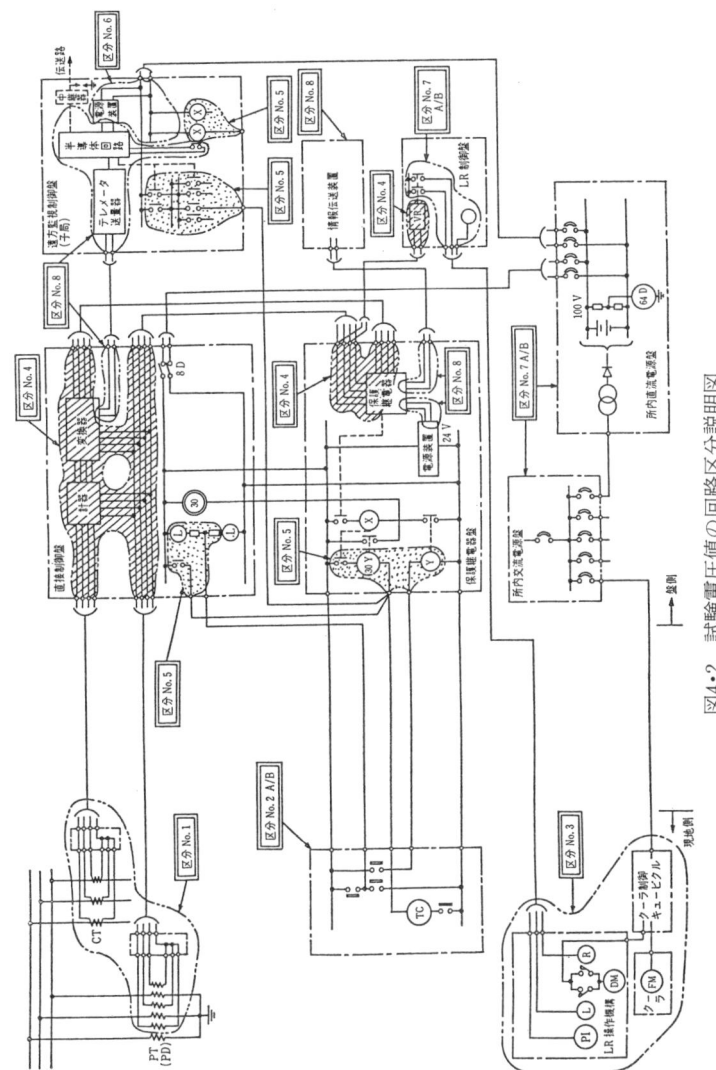

図4・2 試験電圧値の回路区分説明図

備に要求される標準雷インパルス電圧に対する絶縁の強さの標準値をいい電圧値で表し,この電圧値は,JEC-193-1974(試験電圧標準)に規定する絶縁階級ごとの雷インパルス耐電圧試験値とするとし,SIWL(開閉インパルス耐電圧レベル)とは標準開閉インパルス電圧に対する絶縁の強さをいい,電圧値で表すというようになっている.

4・1 雷サージ

電力設備には,昔から雷サージより保護するためいろいろな対策がなされてきたが,今なお雷に対する不明確な部分が多く,事故率としては減少しているとはいっても,その被害は後を絶たない現状である.

電力設備の耐雷設計(基本的な考え方と具体的方法を示したもの)については,発変電所部門では発変電所耐雷設計基準要綱(昭和39年)および発変電所耐雷設計ガイドブック(昭和51年),送電線部門では送電線耐雷設計基準要綱(昭和31年)および送電線耐雷設計ガイドブック(昭和51年),配電線部門では配電線耐雷設計基準要綱(昭和38年)および配電線耐雷設計ガイドブック(昭和51年)によって発表され,広く実用に供されている.

(1) 発変電所の被害を防ぐには

発変電所に侵入する雷サージとして,

(i) 発変電所構内への直撃雷は,機器に対して最も過酷なものであり,機器の絶縁を非常に強化しない限り事故を防止することは難しい.

しかし,全機器の絶縁を強化することは不経済であるため,防止策として発変電所への直撃雷を避けるため架空地線や避雷針により100%の完全遮へいを目指している.

(ii) 発変電所に接続された送電線からの侵入雷サージは,送電線

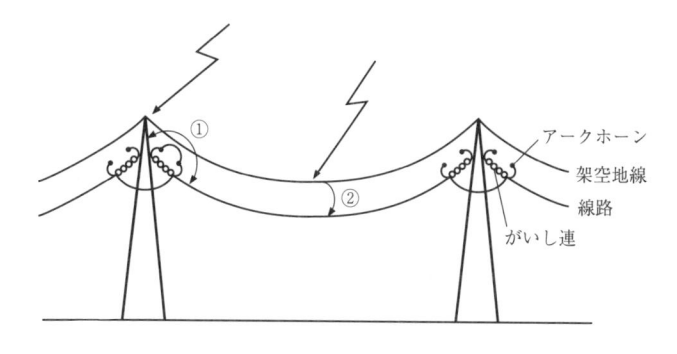

① 鉄塔逆フラッシオーバ
② 径間フラッシオーバ

図4・3 鉄塔逆フラッシオーバと径間フラッシオーバ

には架空地線を設置し直撃雷を防止しているが，架空地線により完全に雷を遮へいすることは非常に難しく，ある確率で電力線に直撃がある．また鉄塔および架空地線に直撃すればその電位が上昇し設計絶縁強度を超えると図4・3に示すように鉄塔から線路に向けて逆フラッシオーバして侵入する．これが，発変電所より数km以上離れていると，発変電所に到達するまでに途中の鉄塔のアークホーンでフラッシオーバ（雷サージ電圧がアークホーンのフラッシオーバ電圧以上の場合）し，雷サージをこのフラッシオーバ電圧以下に抑える．また，伝搬途中にコロナによる減衰ならびに変歪を受けるため，大きな雷サージとなって発変電所に侵入することはない．ところが，発変電所近傍数km以内に雷撃すると，雷撃点と変電所との往復反射により発変電所に侵入する雷サージが増幅されるので，発変電所機器の絶縁にとって脅威となる．なかでも発変電所から見て第一鉄塔に雷撃を受けた場合の雷サージ電圧は，がいしまたはアークホーンのフラッシオーバにもかかわらず雷撃電流と鉄塔電圧上昇

表4・1 想定雷撃電流と鉄塔電位上昇インピーダンス

系統電圧 〔kV〕	想定雷撃電流 〔kA〕	鉄塔電位上昇 インピーダンス 〔Ω〕
500	150	34
275	100	31
220/187	80	30
154/100	60	29
77/66	30	28

インピーダンスの積により鉄塔各部の電位上昇は決まり,波高値,波頭しゅん度がともにきわめて過酷なものとなる.

そのため,現在ではこの第一鉄塔雷撃を条件として発生する雷サージを想定し耐雷設計を行っている.表4・1は,電圧別の想定雷撃電流と鉄塔電圧上昇インピーダンスである.

(iii) **発変電所における絶縁協調の考え方** 前述したように,発変電所構内は完全遮へいを目指しているため,普通,発変電所に侵入するサージを議論するときには発変電所構内への直撃雷は考慮しない.したがって,送電線からの侵入雷サージが対象になるが,発変電所では避雷器または保護ギャップなどの避雷装置を設置して,この雷サージを機器の絶縁強度(絶縁耐力とも呼ぶ)以下に抑制し絶縁協調を図っている.そこで発変電所のタイプ別に絶縁協調の考え方について述べると,

(a) **気中絶縁発変電所** 気中絶縁発変電所の耐雷設計は,主要機器である変圧器を最重点と考え,避雷器をできる限り変圧器に近付けて設置している.この場合,線路引込口周辺機器(LS,PDなど)は避雷器の保護範囲外となるが,従来は引込口に気中ギャップなどを設置して対策していた.しかし,この気中ギャップは,

① 放電特性が気象条件の影響を受けやすく,しかも自復性がない.
② ガス絶縁機器と協調が図りにくい.
ということから,多雷撃地区や重要変電所には次第に避雷器が適用される傾向にある.

(b) **ガス絶縁発変電所** ガス絶縁発変電所は気中絶縁発変電所と比較して母線の広がりが小さいため,通常は避雷器を引込口に設置すれば GIS と変圧器の両方を保護することが可能とされている.

(2) 送電線の被害を防ぐには

自然現象としての雷の放電電圧は,その幅が大きく,高い電圧まで耐えるように送電線路の絶縁を強化すると上述の電圧に対する絶縁強度と協調がとれなくなり,不経済となる.したがって,送電線路としては雷から防護する設計をすることが古くから行われている.さらに,雷放電に伴うがいし連のフラッシオーバによりがいし連にアークがからみついて,がいしをアークで破損することがないようにアークホーン(招弧角あるいは招弧環とも呼ぶ)を取付けたり,がいし連がフラッシオーバして地絡事故となったとき,高速度再閉路方式(故障発生とともに保護継電器により故障区間を迅速に遮断し,故障点のアークを消滅させる短時間の無電圧時間をおいたのち故障区間を再閉路して送電線を生かす方式)により地絡事故箇所をクリアし,ふたたび当該箇所を系統へ復帰させて,実質的に雷による被害を軽減する方策をとることによって電力系統としての総合的な信頼度の確保につとめている.直撃雷の防護策として,

 (i) 鉄塔の上に架空地線を架線する.

これは送電線の導体を落雷から電磁的に遮へいして,導体へ直撃雷が落ちないようにする.

架空地線の架線法としては,

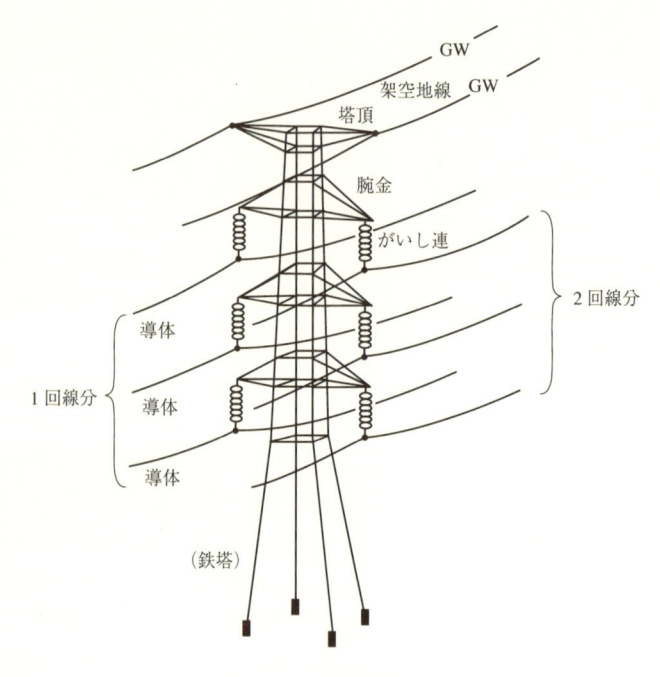

図4・4　2回線送電線路

① 架空地線の2条から3条化
② 鉄塔下部の遮へい線
③ 独立高鉄塔による雷遮へい

などがある．その一例を図4・4に示す．

(ii) 鉄塔の接地抵抗を低下させる．

架空地線や鉄塔頂部に落雷したとき，鉄塔から大地へ流入する雷サージ電流と鉄塔のサージインピーダンスおよび鉄塔接地抵抗値によって鉄塔の電位は上昇し，鉄塔から導体へ向かってフラッシオー

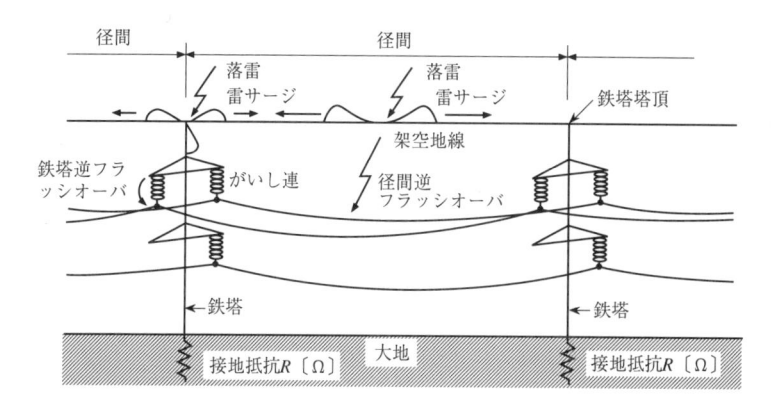

図4・5 架空送電線路（架空地線1条を有する1回線送電線路）の径間と鉄塔塔頂に落雷があったときの説明図

バを生じる．

この場合，鉄塔接地抵抗を低減することが肝要である．その説明を図4・5に示す．

(iii) アークホーン

がいし装置にアークホーンを設置する．この目的は，

① 落雷によってがいしがフラッシオーバする場合，アークホーン間でできるだけフラッシオーバさせ，がいしの沿面にフラッシオーバを起こさせないようにする．

② 汚損しているがいし，またはしゅん度の高い雷サージを受けたがいしはフラッシオーバががいし沿面で発生し，この沿面に沿って続流が流れるので，アークによってがいしが破損しないように，できるだけ速やかにアークホーンにアークを移動するようにする．

③ がいしあるいは架線金具からコロナ雑音が発生しないように，アークホーンで静電的にシールドする．

(iv) 不平衡絶縁

わが国独自の絶縁方式で，2回線事故を回避するため考案されたものである．2回線間の絶縁に格差を設けたいわゆる格差絶縁方式で，低絶縁側の線路にフラッシオーバを集中的に発生させるのが目的である．この意味では1回線事故率が増加するのは止むを得ない．

(v) 線路避雷器の適用

酸化亜鉛素子の優れた非直線性と超小形化できる有利性を持ったアレスタを送電線のがいし間に適用したものがある．これは送電避雷装置といわれている．2回線事故を完全に防止するためには片回線全相に適用する必要がある．

(3) 配電線路の被害を防ぐには

配電線の雷対策の目的は，事故による停電時間の減少と公衆安全の確保や事故の早期復旧であるが，その実現のために各種の手法が考えられている．主な手法は図4・6に示すとおりで，過去の耐雷設計

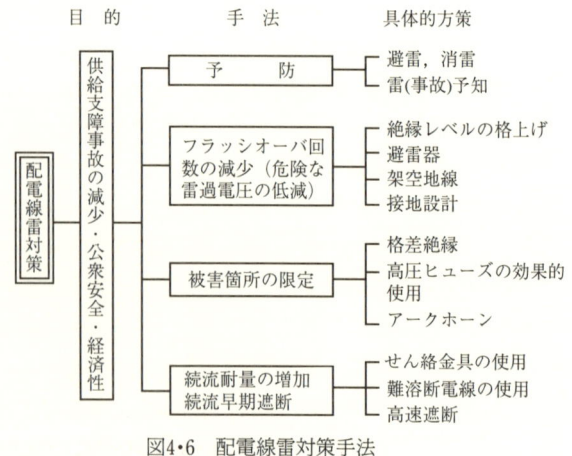

図4・6 配電線雷対策手法

では，"フラッシオーバ回数の減少"を基本にして，被害箇所の限定を補助的に採用してきたと見るのが妥当であろう．将来は配電線の自動化が進み，柱上開閉器の高速動作により停電区間を限定することができるようになるが，これも広義の耐雷対策の一手法と考えられる．

 (i) 絶縁レベルの選定

がいしや機器がどの程度の絶縁強度を有しているかは，雷対策を考える際の基本である．6.6kV 配電線路の絶縁設計は，

(a) 配電線の最高電圧の対地電圧（常規地電圧）に耐えること

(b) 1線地絡などで発生する商用周波性の過電圧に耐えること

(c) 地絡故障時に発生する開閉サージに耐えること

(d) 雷サージに対しては，避雷器や架空地線の取付けなど，適切な雷対策と組合わせて考慮すること．

などを基本にする．

ところが，開閉サージに対しては，通常の6.6kV 配電線の線路絶縁6号A（開閉サージの項で説明する）で十分すぎるほどであるが，雷サージに対しては，耐雷設備の程度によって適当な絶縁レベルが大きく変わりうることを示している．結局，配電線の絶縁レベルを規定する根拠は薄く，絶縁レベルの決定手法は多様であり，次のようなものが考えられる．

① 過去の使用実績に基づき，従来の絶縁レベル（6.6kV 配電線では6号A）を基本にする．雷に対しては，避雷器，架空地線などの耐雷設備で対応する．

② 耐雷対策の一手段として絶縁レベルをとらえ，雷害の多い地区ではがいしや機器のレベルを一様に格上げする．

③ 重点的に保護したいがいしや機器の絶縁レベルのみ格上げし，フラッシオーバを生じても被害の程度が軽くすむところは，従来ど

おりの絶縁にする．

一般的には，高い絶縁レベルを用いれば，耐雷性が向上すると考えられるが，それだけで配電線の耐雷性が決まるわけではなく，後述する避雷器や架空地線などの耐雷設備の適用との協調において論ずるべきものである．

(ii) 避雷器の適用

避雷器が備えている電気的機能は，雷サージを大地に分流してその点付近の過電圧を抑制する保護機能と，商用周波の続流を遮断して自ら元の状態に回復する機能の二つである．

この避雷器の保護範囲について簡単に説明する．雷サージの発生侵入形態は様々であるが，たとえば，図4・7に示すように線路左方から侵入してきたとする．雷サージが架空線路上を伝搬する速度は300 m/μs（光の伝搬速度）に近いので，保護すべきがいし支持点を雷サージが通過してから避雷器に過電圧が達するまで$(a/300)\mu$sだけ時間がかかる．避雷器の放電開始までの時間を無視しても，避雷器の効果ががいし支持点に達するまでさらに$(a/300)\mu$sかかるので，少なくとも$(2a/300)\mu$sだけ遅れてがいし支持点に避雷器の効果が生

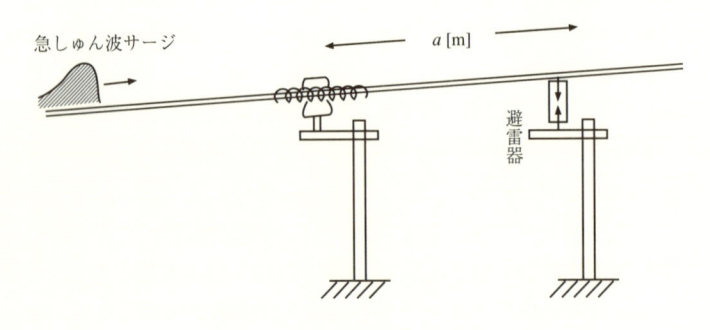

図4・7 避雷器の保護の遅れ

じる.

このため，立上り時間の短い急しゅん波サージでは，保護の遅れによりフラッシオーバを抑制できない場合もある．避雷器の設置数を多くすることは，保護すべきがいしや機器と至近の避雷器との距離を短くすることになり，直撃雷や厳しい誘導雷などの急しゅん波サージ対策になる．

避雷器は雷サージを大地に分流するため，線路と大地間に設置する．したがって，侵入した雷サージにより避雷器が動作して，その大地の接地にサージ電流 i が流れると，線路には接地抵抗 R による

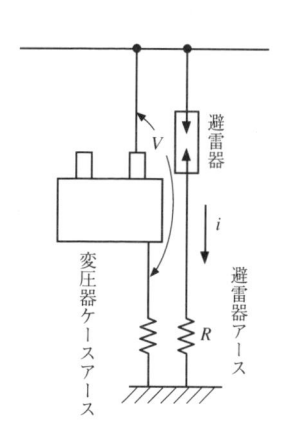

$V = i \cdot R + V_a$

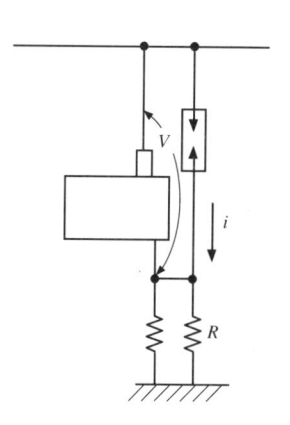

$V = V_a$

$i \cdot R$ の電位上昇分が変圧器には印加されない．

V ；変圧器一次側に生じる電圧
R ；避雷器接地抵抗
i ；避雷器放電電流
V_a ；避雷器の端子間電圧

(a) 非連接接地時

(b) 連接接地時

図4・8 避雷器接地と第2種接地の連接

電位上昇 $R \cdot i$ を生じ，この値が大きいと保護すべき機器の絶縁がフラッシオーバする可能性がある．これを図4・8(a)に示す．

これを防ぐには，接地抵抗をできるだけ下げることが一つの方法であるが，避雷器設置柱の保護のみを考慮するならば，図4・8(b)に示すとおり，変圧器の第2種接地と避雷器の接地と連接することが有効である．

このことにより，避雷器設置柱の機器には $R \cdot i$ の接地電位上昇分は印加されず，避雷器の端子間電圧（制限電圧）のみが印加される．

なおこの場合，接地抵抗が高いと低圧側へ侵入する雷サージが大きくなり，その影響は通常容認できる程度を超えてしまうことに注意する必要がある．

直撃雷に対する避雷器の効果は，誘導雷に対するものとかわるところはなく，誘導雷対策として主に避雷器を使用しているが，小さな直撃雷には有効に働く．ただし，大きな直撃雷を受けた場合に，動作責務能力以上となるため避雷器自体が破損する．実際には，

① 大きな直撃雷では，多数の箇所でフラッシオーバを生じ，雷サージ電流が1箇所の避雷器には集中しないこと

② 配電用避雷器は，定格に比べてかなり大きな動作責務能力をもつこと

などから，悪条件が重ならない限りは避雷器の破損はまれにしか生じない．

このことは，夏季雷に対していえることであるが，冬季に日本海側で生じる雷には，雷サージ電流の継続時間のきわめて長いものが多く，落雷電荷量が夏季雷の100倍を超過するものもあり，冬季雷の配電線直撃雷により20個以上の避雷器が同時に破損した例もある．

(iii) 架空地線の適用

直撃雷に対する架空地線の効果は送電線の場合と同様であるが，

① 架空地線の接地間隔が送電線より短い．

② 避雷器が併用されることが多い．

など耐雷上有利になる条件があるので，絶縁階級のみを比較して配電線の耐雷設備の直撃雷に対する効果を軽視してはいけない．

誘導雷に対する効果は，従来から配電線耐雷設計独自の問題として扱われてきた．

そこで架空地線のない場合に，相導体に発生する誘導雷サージ電圧を U_P，架空線によって遮へいされた電圧を U_P' とすると U_P と U_P' の間には次の関係がある．

$$\eta = \frac{U_P'}{U_P} = 1 - \frac{Z_{PG}}{Z_G + 2R_G} \cdot \frac{h_G}{h_P} \tag{4・1}$$

ここで，

η ：遮へい係数

Z_G ：架空地線の自己サージインピーダンス〔Ω〕

Z_{PG} ：架空地線と相導体の相互サージインピーダンス〔Ω〕

R_G ：接地抵抗〔Ω〕

h_G, h_P：架空地線と相導体の地上高〔m〕

(4・1)式から，架空地線の遮へい効果を大きくするには，接地抵抗 R_G を小さくすることと，相導体と架空地線の電磁的結合を大きくすること（Z_{PG} を大きくすること）が有効である．図4・9に示すように Z_{PG} は架空地線と相導体の離隔距離 d を小さくすると大きくなるが，d をあまり小さくすると遮へい角が大きくなり，直撃雷に対しては不利になる．

ここで架空地線と避雷器の誘導雷サージ電圧の抑制のちがいについて説明しよう．これらの間には明確なちがいがある．架空地線は，ある一定の比率（遮へい係数 η）で発生誘導雷サージ電圧を低減する

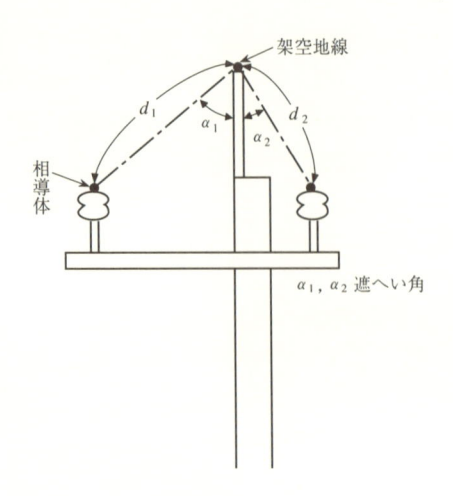

図4・9 遮へい角の説明

が，避雷器では，ほぼ一定の値（避雷器端子間電圧：制限電圧）に抑制することができることである．いいかえると，架空地線には，すべての絶縁を$1/\eta$だけ格上げしたのと同様の効果があると考えられ，避雷器は，その付近の電位と一定の値に抑制する働きをもっている．

一方，直撃雷に対する避雷器と架空地線の効果を求めた実験的検討がなされている．

実験結果から，従来の定説とは異なり，6.6kV配電線に使用される避雷器と架空地線によりかなりの大きさの直撃雷を防ぐ可能性があることが明らかになった．

(iv) その他の耐雷方式

配電線に生じる雷サージ電圧の全体的な低減ではなく，保護対象とする機器の線路側と外箱間に酸化亜鉛などでできた避雷素子を入

れて，その間に生じる雷サージ電圧のみを抑制するものである．たとえば，変圧器や開閉器，高圧カットアウトなどに内蔵させたものがそれである．これらの特徴は，接地抵抗の値には影響されないところにある．しかし接地抵抗が高いと，低圧配電線側へ侵入する雷サージが大きくなり，低圧側への保護装置が必要である．また，落雷時に絶縁電線にフラッシオーバが生じ，それに引き続いて流れる交流地絡電流等により絶縁電線が溶断する事故が発生している．この防止対策として絶縁電線の素線径を大きくしてより線数を少なくし，かつ圧縮形にした改良形絶縁電線があり，従来形と比較して，溶断時間が10～20倍と大幅に長くなっている．

(4) 電力通信および通信設備の被害を防ぐには

誘導雷サージによって通信装置が故障を起こすのは，図4・10に示すように，雷サージが侵入した部分と異なる電位にある回路または部品で，主に V_1，V_2，V_3 の電圧により故障が生じる．したがって，これらの電圧に耐える部品を使用するかまたは避雷器を設置して抑

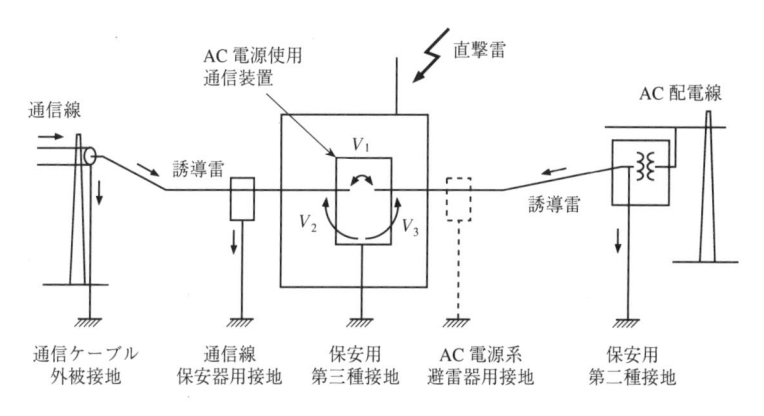

図4・10　AC電源使用通信装置と接地系の構成

制する必要がある．

とくに強雷の場所での AC 電源側には絶縁トランスが有効である．

図4・11および図4・12は避雷器による対策である．図4・11は個別装置ごとに避雷器を設け，通信線保安器と AC 電源側の避雷器の接地

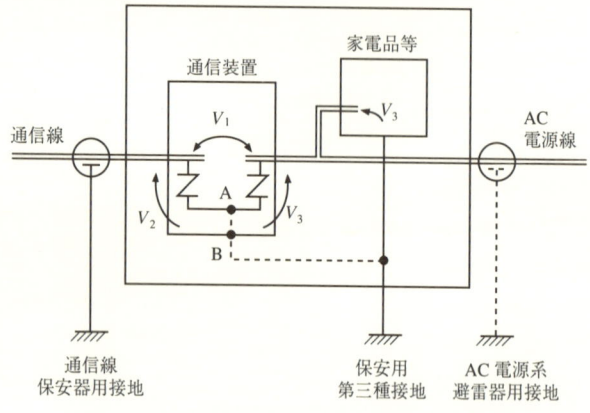

図4・11　分離接地系におけるバイパスアレスタ法

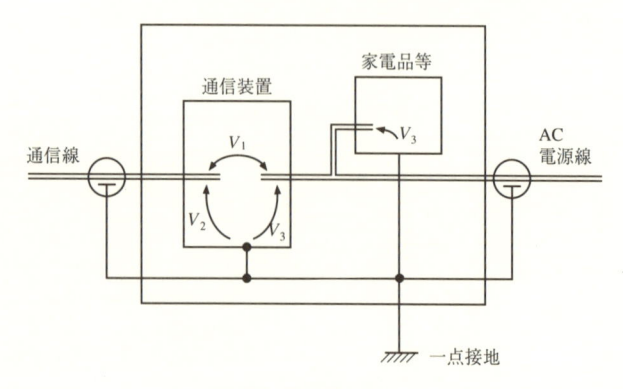

図4・12　共通接地法

線を連接しないで分離接地したものである．この場合，個々の装置の性能に応じ装置内の閉じた範囲で防護設計を行うことができるが，各接地点での接地電位が異なることから装置内に雷サージを侵入させるため，回路実装上，サージ電流による電磁誘導に注意を払う必要がある．なお，通信装置が第3種接地を必要とする場合は，避雷器のA点を第3種接地（B点）に接続すれば，通信系のサージ耐圧 V_2 と AC 電源側のサージ耐圧 V_3 を別々に設計することができる．

二重絶縁等により接地しない装置は，回路全体を V_1 に耐えるように設計する必要がある．

図4・12は避雷器で建物内を一括して保護する方法である．AC電源側に避雷器を設け，その接地と通信線保安器の接地とを共通に接続する．この場合，各々の装置が同電位となることから，通信線保安器と AC 電源側避雷器の動作特性を一定値に定め，すべての装置がそれ以上の耐圧を持つ必要がある．

直撃雷が建物に落雷した場合，建物内の通信装置に雷サージ電流が流入し，離れた場所の装置間にサージ電圧を生じる．

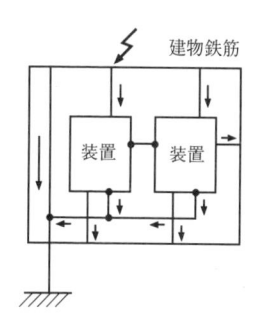

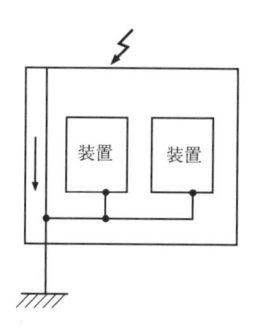

(a) インテグレーテッド接地 　　(b) アイソレーテッド接地

図4・13　建物内通信装置の雷サージ対策

建物内通信装置の保護対策として二つの基本的考え方がとられている．図4・13(a)は，装置に侵入する雷サージ電流を極力分散させるとともに，回路や装置間電位差を小さく抑えるため，装置内または装置の接地導体をすべて低インピーダンスで接続する方法である．これはインテグレーテッド接地と呼ばれている．

図4・13(b)は，建物の床・壁など周辺の接地導体から装置を絶縁し，1点でのみシステムの接地をする方法で，アイソレーテッド接地と呼ばれている．

また，これらの保護対策に加えて，雷サージ電流によって発生する電磁界の影響を考慮し，通信装置ならびに通信線，AC電源線，接地線等を建物の柱や外周壁から絶縁するかもしくは離し，建物中央部に配置するなどの対策が考えられる．

通信装置の多機能化・高速化に伴って，異なるシステムの装置が隣接して設置されたり，マイクロコンピュータを使用する装置の増加など，防護系統や接地系の区分けが困難になっている．このことから，後述する半導体機器系の保護対策およびサージに対する接地の項を参考にし，調和のとれた防護対策が必要となる．

(5) **半導体設備の被害を防ぐには**

半導体設備の各機器およびこれらに関連する被害の事故点（破壊部品を発見し，その雷サージ侵入経路）を見極めることがきわめて重要な対策の一つである．いくら優れた耐雷保護装置であっても，侵入経路以外の箇所に設置することは無意味である．このことから被害を防ぐには，次の対策を基本として考えるべきである．

(i) 雷サージの侵入経路　　侵入経路は図4・14より考えられる．侵入経路が電源か，信号線路側か，あるいは大地側かなど，被害を受けた機器あるいは使用部品から調査する．

(ii) 雷発現経路　　雷雲が発生しその雷雲が移動するのが普通で

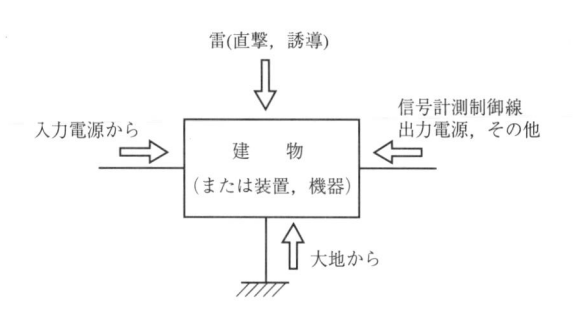

図4・14 雷サージの侵入経路

ある．とくに雷雨期にはこの傾向が強い．

この一例として山地の湖沼付近に発生し，谷，河川などに沿って移動する場合があり，地域によっては雷発現経路が定まっている場合が多い．このような地域では，電力線路および信号線路が雷の脅威にさらされる範囲が大体予想される．また，付近に避雷針等がある場合には，大地電流の方向性による電位上昇などが半導体機器に与える影響も予想できる．これらのことより，従来の雷発現経路の実体を知っておく必要がある．

(iii) 機器の絶縁強度（耐圧）と機器の配置　機器の絶縁強度がどの程度か，実際の規格値に対してどの程度裕度があるのかを把握し，どのような保護装置を用いれば絶縁協調が図られるのかを調べる．また雷発現経路に避雷針あるいは比較的高い建造物等があると，直撃雷がそれらに落雷すると大地電位が上昇し，そのため機器の部品等が破壊する．雷サージ電流が大地に流れる場合，その雷サージ電流に対して直角方向に機器および配線を配置し，雷サージ電流の誘導を受けないようにする考慮が必要である．

(iv) 同電位化　保護装置として避雷器を設置し，その接地抵抗

値をいくら低くするように努力しても抵抗値を零とすることは不可能であり，したがって，接地電位がかならず生じるとともに接地導体自体が電位上昇する．

　雷サージは電源側より侵入するほか，建物，アンテナ，避雷針等に落雷し，その雷サージ電流による大地電位上昇により接地線からシステムに侵入することがある．とくに半導体機器はこれらの雷サージに対して弱い．

　① 雷サージに対して，電源系統，信号の入出力回線，接地系（機器ケースを含む）の同電位化　　たとえば，負荷の末端にある機器を保護するには，図4・15に示すようになるべく機器の近くに避雷器を設置し，その接地端子と機器ケースとを接続して，その接続点に接地線を接続する．このことにより，接地線の電位が上昇しても機器ケースと電源との相対的電位差は，避雷器の制限電圧のみの低い値に保つことができる．

　② 雷サージに対する各回線ごとの同電位化　　屋外に出てゆく回線の場合のみでなく，屋内の他のシステム系，機器接地系をすべて同電位にすることは耐雷対策上好ましいことではあるが実際上は困難で，電源回路と接地系との間のバランスが崩れる箇所が出てくる．たとえば，自動制御されている機器の場合，リレー等がOFFの

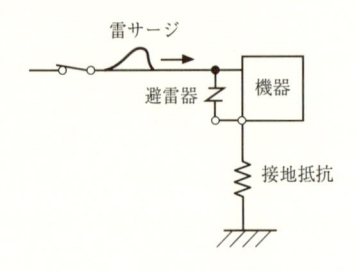

図4・15　同電位化の例

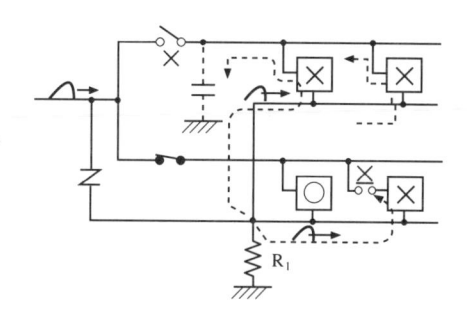

(a) 単一な同電位化

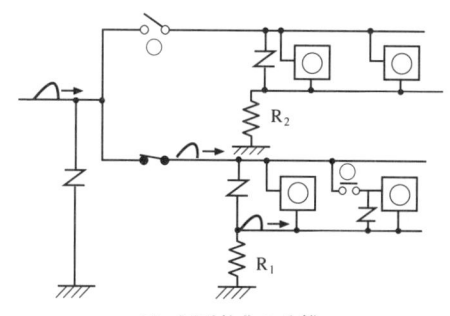

(b) 同電位化の分離

×印:事故　　○印:事故なし
図4・16　各回線ごとの同電位化

動作をしているとき,あるいは分電盤で開閉器が開放されているときには,図4・16(a)で示すように連接接地線により侵入した雷サージにより機器ケースのみが高電位となり,その機器,リレー接点などに被害が発生する.これを防止するには,同図(b)に示すように接地系を別にして避雷器等の保護装置を設置することにより被害を少なくすることができる.

　③　各回線を絶縁化　　電源回路はすべて共通であるので,電源

側とは別個に負荷側を同電位化するためには電源側に耐雷電源装置（絶縁トランスを使用）を設備する方法がある．この絶縁トランスは，1次巻線と2次巻線との間にシールド板を設けて静電遮へいを行い，侵入雷サージの移行を防止するとともに電源側と負荷側とを絶縁することが目的である．しかし，市販されているこれらの耐雷電源装置は，電源側に雷サージが侵入すれば負荷側にある程度の雷サージが侵入し，また大地側より侵入した雷サージは電源側および負荷側に分散される．

したがって，あまり効果を期待することはできない．一方，新しく開発された耐雷電源装置として特殊シールド遮へいを設けた装置を使用すると電源側および接地側に雷サージが侵入しても負荷側の保護が可能となるので，主要な機器や雷発生頻度の大きい地域でのシステム保護装置として多く使用されている．

参考までに図4・17にその効果を比較図により示す．

④　多重保護装置の設置　　半導体素子を使用した機器は，とくに雷サージに弱く，機器の損傷ばかりでなく，システムの動作に支

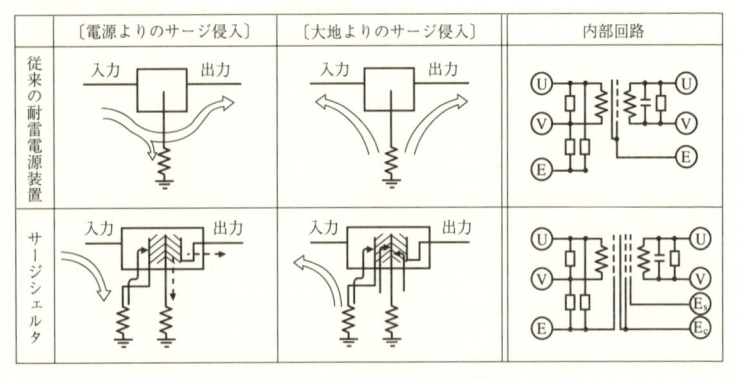

	〔電源よりのサージ侵入〕	〔大地よりのサージ侵入〕	内部回路
従来の耐雷電源装置	入力　出力	入力　出力	U-V-E / U-V-E
サージシェルタ	入力　出力	入力　出力	U-V-E / U-V-E-E

図4・17　耐雷変圧器の比較

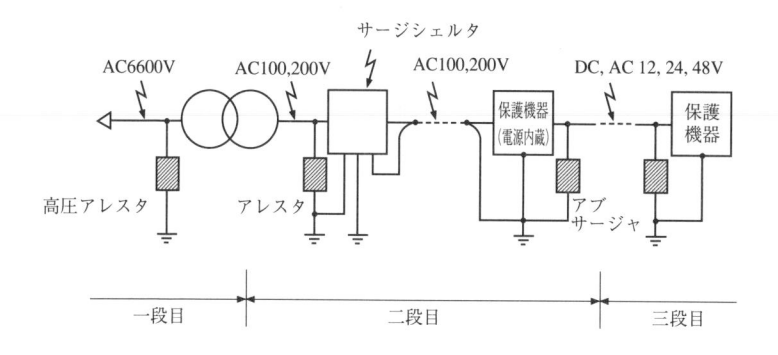

図4・18　耐雷対策の多重化

障をきたすことがあり，このような機器では，一つの保護装置では十分でなく図4・18に示すように，1段目で大部分の雷サージエネルギーを処理し，残ったものを2段目，3段目というように雷サージを減衰させる方法をとる．

⑤　重要度より見た停止事故の許容度　　停止事故を皆無にすることは理想であるが，雷サージによっては雷害事故停止を皆無にすることは不可能であるので，たとえば，重要機器あるいは信号線には予備機器および予備信号線を配置するとか，また事故復旧対策と関連して考慮しておく必要がある．

4・2　開閉サージ

(1) 電力系統

絶縁協調の面から開閉サージを低く抑えることが必要である．そのためには，まず第一に開閉器装置の選定や保護装置により抑制し，さらに避雷器を用いて，その保護性能を十分活用することが基本である．

開閉サージの抑制は,

(i) 開閉装置自体の対策

すなわち,遮断器の抵抗投入,抵抗遮断,多重遮断方式などがあげられる.高電圧用の真空遮断器では截断電流値が大きくサージが発生しやすいので,避雷器やサージサプレッサをつける場合がある.

(ii) 系統的な対策

送電線の伝搬損失を利用した低減,避雷器・協調ギャップおよびサージサプレッサなどの保護装置による線路引込口までの低減,母線および線路引込口部分の絶縁強化などがある.避雷器による保護は,開閉サージ処理を行うもので,規格(JEC-217-1984)で決められている.開閉サージ処理を行う避雷器の公称放電電流は10000Aである.この公称放電電流10000A避雷器の開閉サージ動作責務静電容量は定格14kVに換算した標準値を25μF,50μFおよび78μFの3種類としている.

適用に際しては系統回路条件は下記事項をチェックしておくことが望ましい.

① 適用される電力系統の1線地絡時健全相の電圧上昇値が表4・2を超えないこと

② 原則として,遮断器により無負荷開閉する架空線路長が表4・

表4・2 動作前の電源側電圧値

No.	系統の公称電圧〔kV〕	接地条件	電源電圧値
1	3.3〜154	非接地または非有効	避雷器の定格電圧×82%
2	187〜275	有効	避雷器の定格電圧×78%
3	500	有効	避雷器の定格電圧×90%

表4·3 開閉サージ動作責務条件より定まる線路長の例

14kV 単位試験の線路静電容量	線路長の概数〔km〕			
	架空線系統			
	500kV	275kV	154kV	110kV
78μF	200	—	—	—
50μF	—	260	400	550
25μF	—	—	200	280

3の長さ以下であること

③ 線路に残留する電圧は，避雷器定格電圧波高値を上回らないこと

なお，公称放電電流5000A避雷器については開閉サージ処理を考慮してないので，原則としては雷サージのみを保護する回路に設置する．

(2) 通信設備，半導体設備

電流を遮断する場合に発生するサージにより部品あるいは装置・回路などが破壊する場合があり，これらはサージ吸収装置（避雷器，コンデンサ，ダイオードなど）を接続して，サージ電圧を吸収させる方法が一般に採用されている．また，絶縁変圧器，中和コイルなどにより設備へのサージ侵入を防止するものがあるが，サージ吸収装置と併用することにより一段と効果をあげることができる．

4·3 サージに対する接地

大地には，雷サージ電流をはじめとして，各種信号，搬送信号および低圧から超高圧送配電系統からの大地への漏れ電流，あるいは1線地絡，異相地絡などの故障時の過渡現象を含んだ電流が流れている．このことから，大地はすべての電気の共通回路と見ることが

できる.

ある工場に, 約100m 程度離れた位置に送電線が通っているため, 敷地内で十数 m 間隔をおいて 2 点に測定用接地を打ち込むと, この 2 点間には変調された約 1 MHz の波形が観測され, 波高値も15V 程度の値であった. 従来, 大地の電位は零であり, 機器ケース・回線などを接地することにより零電位にする, あるいは避雷器の放電により雷サージを大地に放電して機器を保護するという考え方があったが, 現在ではこのような方法では到底機器を保護することは難しくとくに半導体機器システムについては, このことが強くいえる.

(1) **大地の抵抗率**

大地の抵抗率は15〜2 000Ωm 程度であるが, 雷サージに対しては半導電性（非直線性）の特性をもっている.

図4・19は大地表面に雷インパルス電流が流れたときの電圧－電流

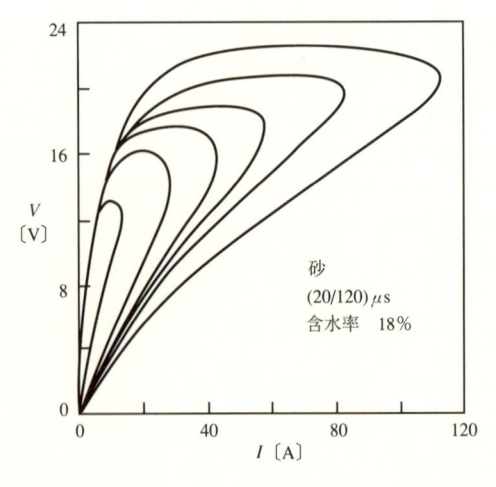

図4・19　砂表面の(V-I)特性（東北大・成田氏他）

特性を示したものであるが，非直線性を示しており，大地中でも同様な現象を示すものと考えられる．さらに雷インパルス電流が大きくなると，電流通過時には電流密度の高いところでは電位傾度が高くなり，数十〜20kV/cm程度になると接地極より火花放電が発生して，接地極の等価表面積が大きくなり接地抵抗は大幅に低減される．

(2) 接地極のサージインピーダンス

接地体に雷サージ電流のような急しゅんな立上りを持った電流が流入すると，低い周波数（商用周波等）の電流が流れたときに示す接地抵抗値とは異なり，一般的に高い接地抵抗値を示すことが多い．

これは，接地点からサージ電流が進行波として流入し，接地体の末端に到達し反射された成分が元の接地点に帰ってくるまでに時間遅れがあるからである．この過程をへて初めて接地体の効果が始まることになる．

このことから，接地体が長いほど定常値（商用周波の抵抗値）に達する時間は遅くなる．

接地体に方形波のインパルス電流を流したとき，その接地体のサージインピーダンスは時間とともに変化する．この応答特性をその抵抗体のサージインピーダンスの時間特性といっている．この代表的な例を図4・20に示す．これらは接地電極の形状，規模，大地の抵抗率，誘導率などによって変わってくる．

図4・20(a)は誘導性接地の場合で，一般に深い接地体を使用したとき，あるいは定常値が10Ω以下というような低い場合に多くみられる．同図(b)は平坦性の接地の場合で，接地体が短くあるいは定常値が30〜60Ω程度の抵抗値に多い．

同図(c)は一般に定常値の高いとき，あるいは埋設地線の並設，メッシュ状接地などにより大地静電容量の作用が強く働くような接地

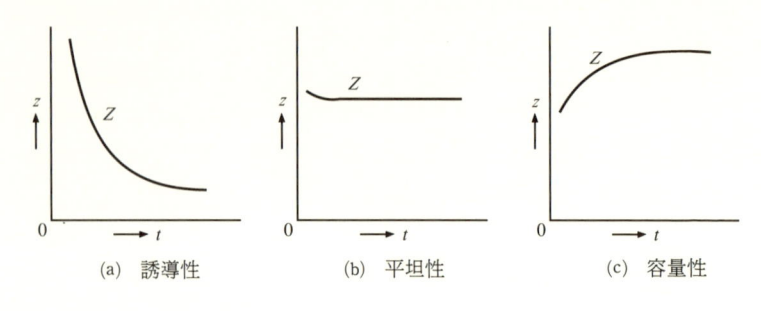

図4·20 サージインピーダンス特性の例

(a) 誘導性　(b) 平坦性　(c) 容量性

体である．

　このサージインピーダンスの時間特性は，方形波電流を流したときの特性であるが，実際には接地体に流入するサージ電流の波頭長により接地体に生じる電圧値は相違する．

　雷サージの電流の波頭時間は実測等により約 1 μs であるので，この波頭時間 (T_f) を持ったサージ電流に対して，その接地体の電位の最大値が低い程，良好なサージインピーダンス特性の接地であると評価することができる．図4·21は誘導性サージインピーダンス特性をもった接地体に雷サージ電流波高値 I〔A〕，波頭長時間 $T_f = 1$〔μs〕の電流を流したとき生じる接地電位上昇を示したものである．この電位上昇の最大値を $V_P(T_f = 1\mu s)$ としたとき，

$$Z_{\text{eff}} = \frac{V_P(T_f = 1\mu s)}{I}$$

となる．

　この Z_{eff} を実効サージインピーダンスと名付ける．つまり，実効サージインピーダンス Z_{eff} なる接地に雷サージの波頭長時間 1 μs なる電流 I〔A〕が流れたとき生じる電位の波高値は $V_P(T_f = 1$

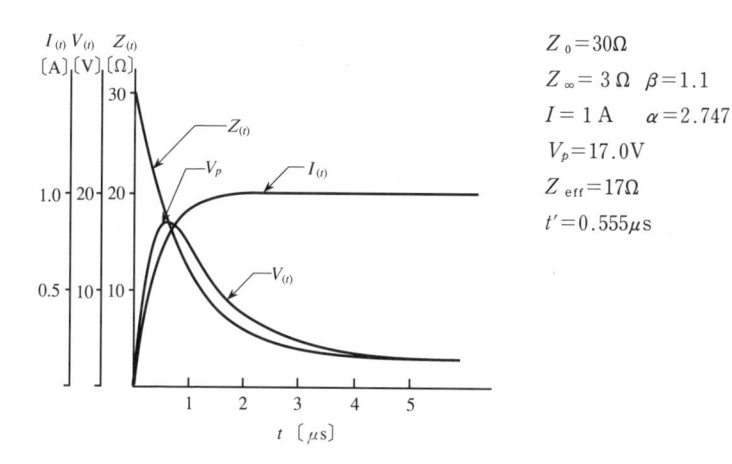

$Z_0 = 30\,\Omega$
$Z_\infty = 3\,\Omega \quad \beta = 1.1$
$I = 1\,\mathrm{A} \quad \alpha = 2.747$
$V_p = 17.0\,\mathrm{V}$
$Z_{\mathrm{eff}} = 17\,\Omega$
$t' = 0.555\,\mu\mathrm{s}$

図4・21　サージインピーダンス$Z_{(t)}$に$I_{(t)}$が流れたときの$V_{(t)}$特性　$(V_{(t)} = Z_{(t)} \cdot I_{(t)})$

$\mu\mathrm{s}) = I \times Z_{\mathrm{eff}}$であると表す．

このように実効サージインピーダンスなる観念の導入により，端的に接地体の優劣がわかる．

(i) 棒状電極のサージインピーダンス

棒状電極を10，20および100mまでに深打ちした場合のサージインピーダンスについて実測例を図4・22に示す．

同図より定常値は低減されるが，サージインピーダンスの初期値は50〜60Ωと同じである．また深打ちほど，定常値になる時間が遅くなる．このことより100mの深打ちをするよりも，10mの接地棒を数本間隔をとって並列に打ち込むほうが低減効果があることがわかる．

(ii) 接地用導体のサージインピーダンス

接地極から導体を地上に導くとき，その導体の直径により多少は

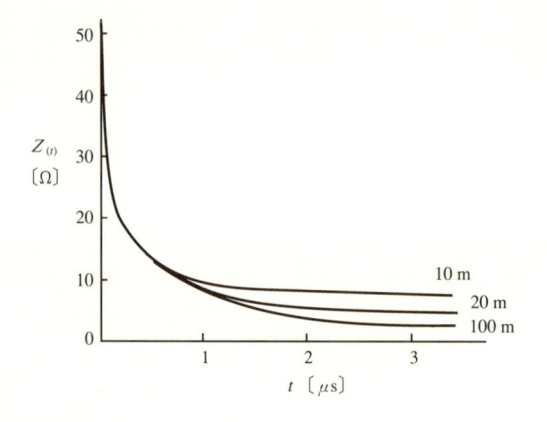

図4・22 深打ち接地極のサージインピーダンス

相違するが，その初期値は約160〜250Ω程度である．また，ある高さを持たせたときは約300〜500Ω，地中に埋めたときは約50〜60Ωという目安をつければ大きなあやまりはない．

サージ電流が流入点より進行波となって接地体にいたり，接地体の末端より反射して流入点まで反射して帰ってきて，初めて接地体による抵抗の働きが現れ，サージインピーダンスが低下するのである．

したがって，この接地体を往復する時間の間，サージインピーダンスは初期の値が維持される．地中に埋めたとき，サージインピーダンスの初期値は低いけれども，進行波の地中を進む速さは遅くなるので，高い抵抗値の状態が続くことに注意しなければならない．図4・23は定常値7.5Ω，実効サージインピーダンス約10Ωの接地極に種々の長さの導体を地上にそわせた状態で実効サージインピーダンスを実測した例を示す．この図より，わずか10m，20mの長さでさ

4・3 サージに対する接地

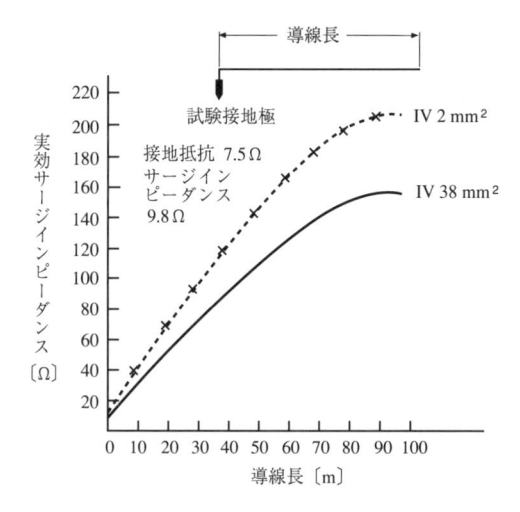

図4・23 導線長によるサージインピーダンス測定結果

え想像以上に高い値となってしまうことがわかる．これらは直線状にそわせたものであるが，小さなリング状ができると実効サージインピーダンスは上昇する．これらのことより，遠くの良好な接地極よりも近くにある多少高い抵抗値のほうが接地としては有効である．しかし，雷サージの波尾部分での抑制効果が期待できるので，遠方にある低接地極と並列にすれば効果は大きくなる．

(iii) 接地抵抗の低減法

雷サージによる接地抵抗が高いとその点の電位上昇が大きくなり，周辺の絶縁破壊や連接された機器の絶縁破壊にいたる場合がある．

そこでこれらの被害防止のためや人身への保安面からも低下させておく必要がある．形状によりサージ抵抗値が低下する．つまり埋設地線条数が多くなるほど低下効果は大きくなる．また針付接地電

極を設けた場合は，地中で電位傾度が20〜30kV/cm では針先から土中放電が発生してその効果は大きい．

5. そして実際は

電力系統，通信設備および半導体設備のサージによる被害は，機器絶縁を基準とした試験電圧に耐えるものが使用されていても，試験電圧を超える過電圧が発生し機器絶縁を破壊し，被害となる場合がある．とくに通信設備，半導体設備ではサージに対する基準となるものがなく，事故時には部品取替え等による対策がとられている．つまり，被害を零にすることは困難であることから，被害の確率をできる限り下げるように各種の防護策がとられているのが現状である．

5・1 電力系統

電力系統は発変電所，送電線路，配電線路をへて工場，ビルおよび家庭にまで電力を供給する設備である．電力系統を構成する施設のうち，発変電所，架空送電線，架空配電線は雷サージおよび電力回路の開閉に伴って発生する開閉サージに耐えるように設計されている．そこで，これらの保護策として実施されている実例について説明しよう．

(1) 発変電所でのサージ対策

絶縁協調の基本としては，直撃雷に対しては架空地線で電気設備を完全に遮へいし，線路から侵入する雷サージは避雷器によって保護する．最近の変電所の特徴として，ガス絶縁開閉装置 (GIS) を用いて，縮小・密閉化を図っていること，都市部を中心にケーブル引込み（引出し）が多くなっていること，特性の優れた酸化亜鉛形避

雷器が実用化されたことなどがあり，良好な絶縁協調がとられている．

GISの絶縁協調にあたっては，サージインピーダンスは60〜70Ωと小さいこと，サージ損失が少ないこと，キャパシタンスが各部に存在すること，絶縁強度の傾向を示す V-t 特性(フラッシオーバ電圧とフラッシオーバ時間) が気中絶縁機器と違うことなどに留意しなければならない．そこで変電所機器の雷インパルス絶縁強度は，275kV系統以下は母線の広がりも少ないので，線路側PD(コンデンサ形計器用変圧器) を除き1種類の値を選定することが原則であるが，500kV系統では広がりが大きいので，変圧器とその他機器を区別し，2種類を選定し，変圧器は1550kV，GISは1880kVが妥当であることが認められている．

線路引込口には，従来は避雷器（LA）は設置しないことが多く，まれに保護ギャップが設置されているが，GISの場合には，積極的に避雷器あるいはガスギャップ（SF_6ガスギャップ）を設置して多重雷により遮断器の極間が事故となるのを防止している．ただし，保護ギャップは避雷器に比べ保護の信頼性が劣っている．なお，変圧器ブッシングに保護ギャップを設置することは，避雷器の進歩した現在では無意味であり，ほとんど除かれている．

架空送電線の架空地線は，発変電所鉄構と接続すればインピーダンスが低下し，発変電所侵入雷サージを低減するのに大きな効果がある．

ここで避雷器の適用に必要な二，三の用語について説明する．

(i) 定格電圧

避雷器の定格電圧は，1線地絡あるいは負荷遮断などによる電気所（線路引込口も含む）に通常発生することが考えられる短時間交流過電圧の条件下で，避雷器が所定の動作責務を遂行できることを

5·1 電力系統

いう．

実使用では，たとえば接地系統が非有効接地で系統の公称電圧が110kVに使用する避雷器の定格電圧は140kVの避雷器を標準として使用することになる．

(ii) 公称放電電流

避雷器の公称放電電流は，発変電所における従来の避雷器に流れる放電電流の記録からおおよその値と頻度より定めている．これによると，避雷器1台あたり，1000A以上は約20年に1回，2000A以上は約50年に1回，3000A以上は約100年に1回の割合となっている．

この実測統計などから勘案しても，考慮すべき放電電流としては，一般には10000A程度で十分であろう．

これらのことを総合して，絶縁協調にあたって下記のことを考慮する．

① 発変電所では5000A，10000A避雷器を使用する．

② 一般には，絶縁協調検討の際の制限電圧は，上記の公称放電電流値を基準として求める．

③ 遮へい効果の悪い場合，制限電圧の検討には①の値の2倍を基準電流値とする．

④ 開閉サージ処理を必要とする箇所に設備する場合には，公称放電電流10000A避雷器を使用する．

(iii) 制限電圧

制限電圧は，避雷器の放電中，過電圧が制限されて両端子間に残留するインパルス電圧で示される．この制限電圧は，避雷器の定格電圧ごとに定められている．

保護レベルは，被保護機器の絶縁強度に対して，雷サージに対してはほぼ20%，開閉サージに対してはほぼ15%程度の裕度をとり，

それぞれの雷インパルス制限電圧, 開閉インパルス制限電圧が定められている.

また, 発変電所付近の近接雷は立上がりが急しゅんな雷サージとなり, とくにガス絶縁開閉装置では V-t 特性が平坦であることから, この雷サージに対する保護協調を考える必要がある. このため, 急しゅん波雷インパルス制限電圧は, ガス絶縁開閉装置などの機器 V-t 特性を考慮し, 雷インパルス制限電圧の1.1倍の値に定められている. さらに, 避雷器の保護効果を十分に発揮するためには, 接地抵抗を低減することが有効で, 電気設備技術基準では許容値を10Ω以下としているが, これは地絡電流の流入に伴う発変電所接地系の電位上昇を一般に1 000～2 000V程度以下に抑制することを目標としているもので, 前記したとおり避雷器は電気学会絶縁協調委員会などでは5Ω以上の場合は, 連接接地を施すべきことを推奨している.

(2) 遮断器によるサージ抑制

系統および遮断の特性から開閉サージの抑制法には種々あるが, とくに500kV系統以上では, ①遮断器による方法, ②避雷器による方法, ③分路リアクトルによる方法(残留電圧を低減する効果) などがあるが, ここでは①の遮断器について述べる.

図5・1(a)は遮断器1段抵抗投入方式, 同図(b)は2段抵抗投入方式の

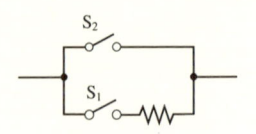

(a) 1段抵抗投入方式例
　　S_1-S_2の順序で投入

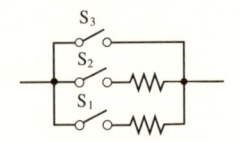

(b) 2段抵抗投入方式例
　　S_1-S_2-S_3の順序で投入

図5・1　抵抗投入方式の説明

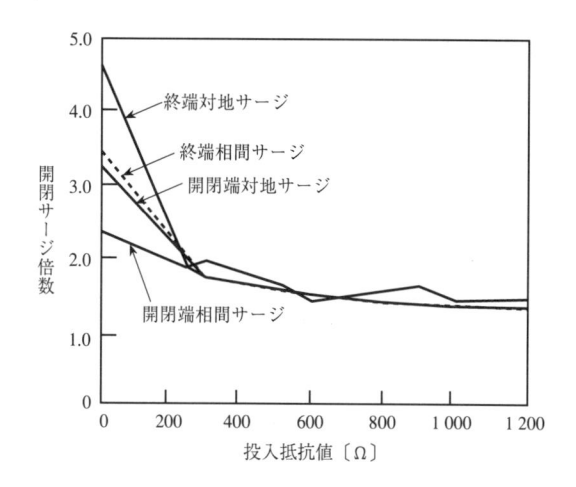

図5・2 投入抵抗値と最大サージ倍数

説明図である．同図(a)は500kV系統以上の遮断器に使用されているが，同図(b)はまだ実例は少ない．投入抵抗の大きいほど抑制効果は大となるが，他方，投入抵抗に流れる電流と抵抗による電圧降下分は大きくなるので，抵抗を短絡するときのサージが大きくなり，結果として最適な投入抵抗が存在する．

投入抵抗によるサージ抑制の計算例を図5・2に示す．

また，無負荷変圧器の遮断のみでなく，誘導電動機の開閉などにおいても截断波サージは現れる．真空遮断器では，截断サージを抑制するため，截断レベルを小さくするほか，表5・1のような対策を行っている．

また，電流截断ではないが，ヒューズやカットアウトの電流遮断時に現れる極間アーク電圧が高いと類似の現象が生じる．

表5・1 サージ保護装置の例

名　　　称	回　路　図	動 作 原 理	特　　　徴
避 雷 器	(VCB, LA, 負荷)	直列ギャップと非直線抵抗体から構成される避雷器でサージを吸収する．	(1) 使用実績が多く，高信頼性． (2) 保護レベルが高くなり，回転機保護は困難な場合がある．
コンデンサ並列の避雷器	(LA, C, 負荷)	避雷器とコンデンサを並列にしたものでコンデンサで波頭しゅん度を緩和するとともにサージインピーダンスを下げる．	(1) 使用実績が多く，高信頼性． (2) 保護レベルが高くなり，回転機保護は困難な場合がある． (3) 大形で高価．
CRサージサプレッサ	(R, C, 負荷)	コンデンサで波頭しゅん度を緩和するとともにサージインピーダンスを低下させる． またVCBの再発弧自体を抑制する．	(1) サージ抑制効果は良． (2) 一般に大形．
LRサージサプレッサ	(L, R, 負荷)	再発弧時の高周波電流をリアクトルで抑制する． ［電流截断のサージには効果がない．］	(1) サージ抑制効果は遮断電流値の比較的少ない場合は良．（接触器，スイッチ用） (2) 一般に大形，高価． (3) 定格通電容量や短絡通電容量に影響する．
酸化亜鉛形避雷器	(非直線抵抗体, 負荷)	非直線特性の優れた抵抗体で，サージを吸収する．	(1) 金属酸化物非直線抵抗体の出現により製品化可能となった． (2) 小形，軽量． (3) 放電耐量大． (4) サージ抑制効果良．

(3) 架空送電線でのサージ対策

架空送電線では，すべての雷サージに耐えるよう設計することは現実的でないので，開閉サージ，短時間交流過電圧には耐えるように設計し，その結果から雷サージ事故率を評価し，必要に応じ見直しを行う．

一般的な方法を次に述べる．

(i) がいし個数

がいし連の注水開閉インパルス耐電圧特性，注水商用周波耐電圧特性と開閉サージ倍数とから所要個数を求め，保守に必要ながいし1個を加える．塩害地区では想定塩分付着量に対するがいしの耐電圧値から耐雷目標値に耐える所要個数を求める．

(ii) アークホーン

がいし装置にはアークホーンを取付けるのが一般的である．このアークホーン間隔は，がいし連と同様に開閉サージおよび短時間交流過電圧に耐えるホーン間隔を設定し，これを最小アークホーン間隔と呼んでいる．

この最小アークホーン間隔は開閉サージで決まってくる．

がいし連長 Z_0 〔m〕とアークホーン間隔 Z 〔m〕のそれぞれの V-t 曲線を示すと図5·3のように両 V-t 曲線の交差する点の電圧 V_0 が沿面フラッシオーバを起こさない最高の電圧でこれを臨界通絡電圧と呼んでいる．この臨界通絡電圧は Z/Z_0，アークホーンのがいし連へのかぶり，がいし面からの離隔距離，アークホーン形状などの要素によって決まってくる．

Z/Z_0 を小さくするほど臨界通絡電圧は高くなるが，一方，アークホーン間隔を縮めることになり，耐雷性を犠牲にすることになる．一般には，Z/Z_0 を75～80%にとっている．

その他，最小絶縁間隔，標準絶縁間隔などが定められるが，これ

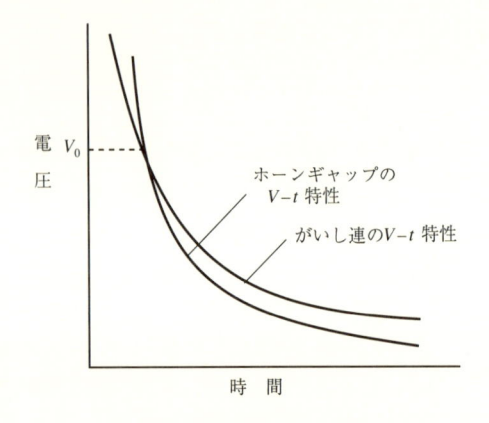

図5・3 臨界通絡電圧の概念

らはがいし連と同様に開閉サージおよび短時間交流過電圧に耐えるよう決める．

(iii) 架空地線，その他

雷事故実態調査の結果から架空送電線の雷事故防止の大きな問題は，冬季雷による2回線事故をいかにして減らすかということである．

① 架空地線の3条化　架空地線を現行設計の2条から3条にし，しかも遮へい角をマイナス設計にとることにより2回線事故率を60%に低減できることがわかった．これは遮へい角をマイナスにすることにより，遮へい失敗を減らす効果もあるが，電力線との結合率の増大による逆フラッシオーバ事故の低減上効果がある．現在では，OPGW（光・ケーブル複合架空地線）の採用により3条化を実施しているところもあり，今後，実績の評価が期待されている．

② 鉄塔下部の遮へい線　電力線の下部または中央部に地線（アース線）を張架することで，結合率の増大と遮へい失敗を防止す

る効果によって，2回線事故率が20〜40%に低減することが期待できる．

③ 独立高鉄塔による雷遮へい　小規模実験による結果から，冬季雷のように一様な雷雲下という条件では，被遮へい鉄塔とほぼ等距離で，被遮へい鉄塔より構造上10〜20%増しの独立遮へい鉄塔で送電線路を遮へいできることを実験的に明らかにしている．

④ 不平衡絶縁の強化　雷雲が明らかに海側から発生し，陸に向かって移動する日本海側の冬季雷の場合には，低絶縁側を海側にすることで成功している例が多い．逆に反対に設計した場合，2回線事故を起こしている例がある．この結果より不平衡絶縁を適正に運用することで効果をあげることが期待できる．

⑤ 送電用避雷装置の適用　避雷器を構成している酸化亜鉛素子は小形化できる有利性があり，これを送電線のがいし間に適用したものがある．これについてはすでに下位の系統電圧に試験的に実施している．

(4) 配電線でのサージ対策

配電線では開閉サージに対する絶縁強度（6 kV 系統では商用周波耐電圧22kV）で十分であるので，雷サージのみを対象として絶縁協調を行っている．

とくに最近の配電線は保守，保安面から絶縁電線が採用されているため，雷サージに起因する断線事故の低減，あるいは断線事故区間の早期発見などの対策を講じることが必要である．このことから，配電線では避雷器および架空地線による対策がとられている．

配電線用避雷器は，線路に誘起する誘導雷サージに対して線路・機器を保護することを主目的として施設されている．この配電線用避雷器の規格は JEC-203-1978により定められている．

発変電所用避雷器（JEC-217-1984）と相違する点は，配電線路用は

直列ギャップ（放電ギャップ）を内蔵していることである．この理由は，配電系統事故時の事故探査に支障とならないこと，ならびに短時間交流過電圧による事故防止のためで，絶縁耐力試験に対応させるため単純な直列ギャップにより常規系統電圧から切離する方式がとられいてる．しかしながら，ギャップを有しない酸化亜鉛形避雷器を使用することによる保護性能上の利点，急しゅん波電流に対する応答性等の長所から，配電線路用避雷器にも直列ギャップのない避雷器が使用されてくるであろう．なお，22，33kV系統の配電線路では，発変電所と同様に直列ギャップのない酸化亜鉛形避雷器が採用されている．

避雷器の公称放電電流は2500Aが一般的であるが，山頂負荷供給用の配電線では5000Aあるいは10000A避雷器が使用される場合もある．

配電線路は複雑な形態となっているので，雷サージ対策は機器保護と線路保護の2面より考えられており，具体的には，次のような条件を考慮して避雷器を施設している．

(i) 避雷器取付間隔は，近傍落雷時の誘導雷サージに対して保護する場合は50mとするが，一般的には100～250m程度とする．

(ii) 配電線の末端(配電線の突合せ箇所を含む)，分岐点，屈曲点などは，耐雷上過酷な条件となる．

(iii) 架空線，ケーブル混在配電線では，ケーブル部分が短いとき，雷サージの反射によりとくに過酷な条件となる．このような架空線，ケーブル混在配電線は比較的重要度が高く，かつケーブル部分での事故復旧には長時間を要する．

(iv) 2回線以上併架されている線路区間では下回線に機器が設置されている場合が多く，対地絶縁の弱点はむしろ下回線にある．

一方，誘導雷サージの発生機構および近傍雷時のコロナ放電の発

生より見ると両回線とも同程度の危険度が考えられる．

(v) 襲雷時の被害減少の見地から，

① 自動電圧調整器，自動開閉器など重要な機器には復旧時間，費用の点から優先的に設ける．

② 河川横断，鉄道横断線路など重要な架空線部分についても優先的に設ける．

避雷器の接地抵抗値については配電線の場合は単独接地は30Ωとしているが，雷被害減少の見地からとくに襲雷の著しい地域では20Ωとし，低圧制御回路を有する機器を保護する避雷器は10Ωとする，などにより避雷器の効果を高めるようにしている．

また第2種接地と共用する場合は，第1種接地抵抗値75Ω以下または第2種接地抵抗値65Ω以下で，かつ合成抵抗値20Ω以下とし，中間接地は当該柱より50m～300m離す，としている．

架空地線は強雷地域に避雷器と併用して施設している．この架空地線の接地抵抗値と接地間隔は，専用接地の場合には30～40Ωまでは200m以下，50～100Ωでは50～120m程度であり，避雷器と共用す

表5・2 新雷害対策機材

	新 雷 害 対 策 機 材
変圧器被害対策	酸化亜鉛素子付高圧カットアウト
	酸化亜鉛素子付変圧器
	酸化亜鉛素子付変圧器 リード線支持がいし
開閉器被害対策	酸化亜鉛素子付開閉器
電線被害対策	改良形屋外用架橋ポリエチレン絶縁電線
	酸化亜鉛素子付アークホーン
	放電クランプ

る場合には30Ω以下，変圧器接地と共用する場合には総合で20Ω以下としている．

　配電線路は避雷器，架空地線の施設および1ランク上のがいしの適用により雷サージに対する信頼度は向上してきているが，さらに信頼度の向上を図るため，各種の対策機材が開発試行されており，一部実用化されているものもある．その新しい雷害対策機材を表5・2に示す．この目的は，保護対象を機器あるいはがいし単体とするもので，たとえば開閉器では，各相とケース間に酸化亜鉛素子と直列ギャップを磁器容器に入れ開閉器内に内蔵させたもので，いわゆる機器と耐雷素子との複合機器といわれるものである．

5・2　通信設備

　通信設備は雷サージに対する絶縁強度が低いため，その防護対策が重要となっている．

　とくに最近の電子交換機では，通話装置や加入者回路の電子化，IC化が図られ，雷サージに対する耐量が低下した．その結果，電子素子（リレー）で構成されている電子交換機では通常の雷サージ対策では十分防護できなくなり，新しく防護回路が開発された．この

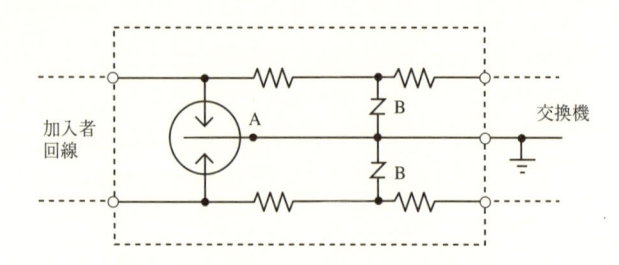

A：ガス入り避雷管　　B：酸化亜鉛バリスタ

図5・4　電子交換機用防護回路の構成例

5・2 通信設備

一例を図5・4に示す．

侵入した雷サージのエネルギーの大部分を前段に設置されているサージ耐量の大きい3極ガス入り避雷管で吸収し，残りを後段に設置されている酸化亜鉛バリスタで吸収することにより，電子交換機を防護するものである．

宅内通信装置には，有線電気通信設備令施行規則などで保安器(加入者保安器)を設置することが義務づけられている．しかし，加入者保安器だけでは十分に防護できない場合がある．たとえばNTTの601P形電話機には，ダイヤル回路に1チップLSI化されたPB信号発信器が使用されている．

このLSIを雷サージから保護するため，図5・5に示すようにエミッタ・ベース接合の降伏電圧を利用したツェナーダイオードをLSIに内蔵して保護している．

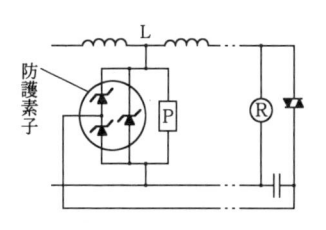

防護素子
P；PB信号発振回路 (LSI)
L；ハイブリッドコイル
R；レシーバ

図5・5 電話機の防護回路例

一つの伝送回路に多数の信号を重畳している搬送回路が雷サージなどにより不通になるとその及ぼす影響は非常に大きい．とくに局と局の中間に設置される中間中継器の故障は，故障場所が保守局から離れているために，その修理に多くの時間と労力を必要とする．また搬送装置にもLSIを含む半導体素子が多く用いられており，搬送装置のサージ耐力は低下傾向にある．

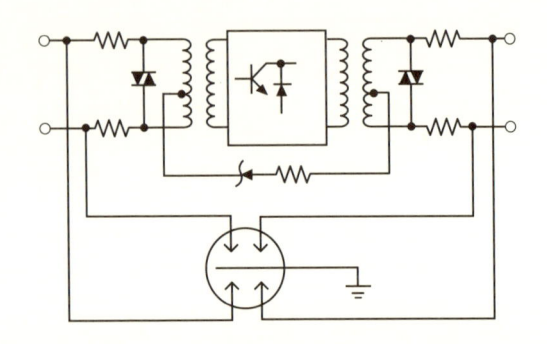

図5・6　PCM-24通話路方式用中間中継器の防護回路例

　このことから，搬送装置，とくに中間中継器の雷サージ保護は重要で，いろいろな保護対策が行われてきた．
　NTTのPCM-24通話路方式用中間中継器の雷サージ保護対策の主要な改良点は，①避雷管の動作特性向上・小形化，②ツェナーダイオードの追加，③抵抗の追加，である．その保護回路例を図5・6に示す．同図の5極ガス入り避雷管は一対の電極での放電がトリガとなり，他の電極間の放電を起こし中間中継器を保護する．また，電極間の静電容量のばらつきを小さくし，伝送信号のまわり込みなど伝送信号の減衰を生じない配慮がなされている．
　無線装置が設備されている無線中継所は，山頂など見通しの良い地域に設置されているので落雷を受けやすく，また避雷針への落雷や配電線からの雷サージが原因となって故障することがある．とくに，避雷針への落雷が原因となって無線中継所内に電位差を生じそれによって無線装置が故障するケースが多く，その対策が種々検討された結果，接地形態が無線装置の保護対策として有効であることがわかった．

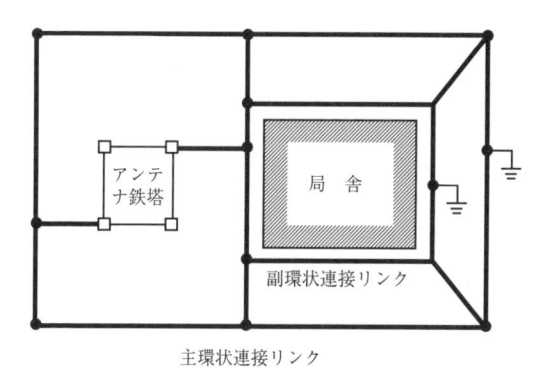

図5・7 無線中継所の設置構成例

 その一例を図5・7に示す．この接地形態は，極力，無線中継所内の落雷時における電位差が生じないようにすること，および無線中継所の接地抵抗値を低くすることが目的で，その有効性が実証されている．
 一方，電力系統で主機器の保護，制御，操作，計測，監視用などの低圧制御回路では，前項で述べたように，絶縁強度はJEC-210-1981で定められ，保護レベルを基準として行われている．この低圧制御回路に発生するサージで比較的大きいものは，雷サージ，断路器開閉サージ，変流器移行サージが主で，直流制御回路の開閉サージがこれに次いでいる．これらサージの低減対策として次の対策がとられている．

(1) **サージ発生源での対策**
(i) 金属シース付ケーブルの採用
 雷サージ，断路器開閉サージを減ずる最も効果のある対策は，金属シース付ケーブルを使用することで，金属シースの両端を接地す

れば，金属シースの無い場合に比して数%程度に低減される．また，遊び心線のある場合は両端で接地し，またケーブル金属コンジットに入れるなどの方法も効果がある．

ただし，変流器移行サージ，直流制御回路の開閉サージに対しては効果はそれほど期待できない．

(ii) 配置，工法の改善

低圧制御ケーブルを高電圧主回路の起誘導線から離隔することは効果がある．とくに断路器開閉サージにより，コンデンサ形計器用変圧器部との立上がりケーブルが最も大きな誘導を受けるため，この部分を遮へいするか，その接地線に制御ケーブルをできるだけそわせることが良い．

また，コンデンサ形計器用変圧器本体の接地線を2本以上として，ベースの対地電位上昇を低減させることも効果がある．

(iii) 直流制御回路の開閉サージ対策

継電器コイルや遮断器の制御コイルに流れる電流を遮断する場合に発生するが，その対策として，コイルと並列に抵抗，コンデンサ，ダイオードなどを接続してサージ電圧を吸収させる方法が一般に採用されている．

また，とくに大きなサージを発生する場合は，電源を分離して他回路への影響をなくするなどの方法をとる．

(2) 配電盤側での対策

(i) サージ吸収装置の適用

避雷器またはコンデンサなどのサージ吸収装置を盤側端子に接続し，盤内へのサージ侵入を阻止する．

(ii) 絶縁変圧器などの使用

絶縁変圧器，中和コイルなどにより盤側へのサージ侵入を阻止するものであるが，サージ吸収装置と併用することにより一段と効果

を増すことができる．

(iii) 遠方監視制御所での対策

制御所の接地抵抗を極力低下して接地極の電位上昇を抑制し，また金属シース付ケーブルを使用する．制御ケーブルと装置間には適切な保護装置を設ける．この保護装置は，対サージ的に絶縁分離する形態のものを採用すれば効果的である．また，直流電源回路には，フィルタまたは組合わせ形の保安器を使用する．制御装置の対地間および線間には，機能低下をきたさない範囲でサージ吸収器を取付ける．

(iv) 多段保護方式の採用

装置や器具の絶縁強度に見合う避雷器などの保安器を選定し，これを適所に使用する．

5·3 半導体設備

電気設備のサージによる被害対策は，従来から主として無停電供給を目標とし，送配電線路および発変電所設備の保護対策については，研究の結果，完全とはいえないまでも効果が現れている．しかし，低圧系統の耐雷対策は，通信，放送，電力系統の制御など公共性の高い一部のものを除いてほとんど不備の状態にある．

近年，半導体素子が使用され，小形・縮小化された装置が多く使用されていること，また，ビルや生産工場ではコンピュータ，産業用ロボットなどが普及し，電気部品が半導体化された機器および装置が主流となっているなどから，これら半導体設備に実施され効果が得られた耐サージ対策を次に述べる．

(1) 各部品の対策

ここではサージ保護装置として非常に優れているZnO素子の実施例について述べる．

一般に被保護部品に並列に接続して使用するが，他部品と複合して使用する場合について述べる．

(i) L, R との複合

ZnO素子の制限電圧を下げる目的で図5・8のようなインダクタンスLまたは抵抗Rのπ形に複合化した回路がよく用いられる．

一般にLが用いられるが，線路信号がLによって歪まされるような場合にはRを用いる．

図5・8 L, R複合回路

(ii) ツェナーダイオードとの複合

低圧回路(DC5V, 12Vなど)において，大きなサージ耐量と低い制限電圧が要求される場合，図5・9のようなハシゴ形の複合回路が用

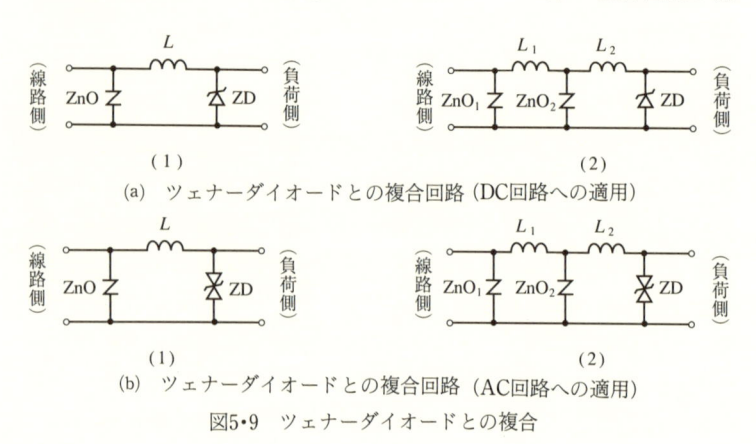

(a) ツェナーダイオードとの複合回路（DC回路への適用）

(b) ツェナーダイオードとの複合回路（AC回路への適用）

図5・9 ツェナーダイオードとの複合

いられる．これらの回路を用いることによって，ZnO素子の大きなサージ耐量とツェナーダイオードの優れた制限電圧特性を同時に利用することが可能となる．

(iii) C, R との複合

ZnO素子でサージ電圧を吸収した場合，サージ電圧の波高値は制限されるが，波頭長部分における電圧上昇率 (dV/dt) は何ら緩和されない．これらはZnO素子が電圧依存性の抵抗体で，周波数依存性のものではないためである．波高値と電圧上昇率の両者の抑制が必要とされる場合は図5・10のようなCRとの複合回路が用いられる．

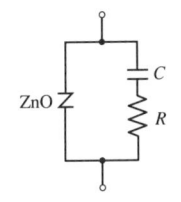

図5・10　CRとの複合回路

(iv) ギャップとの複合

ギャップ動作時に続流が発生しても問題にならない回路において，ある程度以上にサージ電流がZnO素子に流れるのをギャップの動作によって防止したり，制限電圧を低減するためZnO素子とギャップを複合したものが用いられる．これを図5・11(a)に示す．また，同図(b)は静電容量軽減などの目的でZnO素子とギャップを直列に接続する方法もあるが，ギャップの放電遅れによる問題は残る．

(2) 生産工場等の対策

高圧受電を受けた一般的な生産工場で動力，電灯の電源部と社内

(a) 並列回路　　(b) 直列回路

図5・11　ギャップとの複合回路

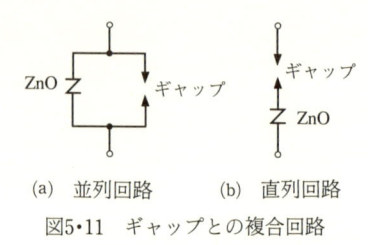

コンピュータおよび電話回路を設備された実施対策例を図5・12に示す．

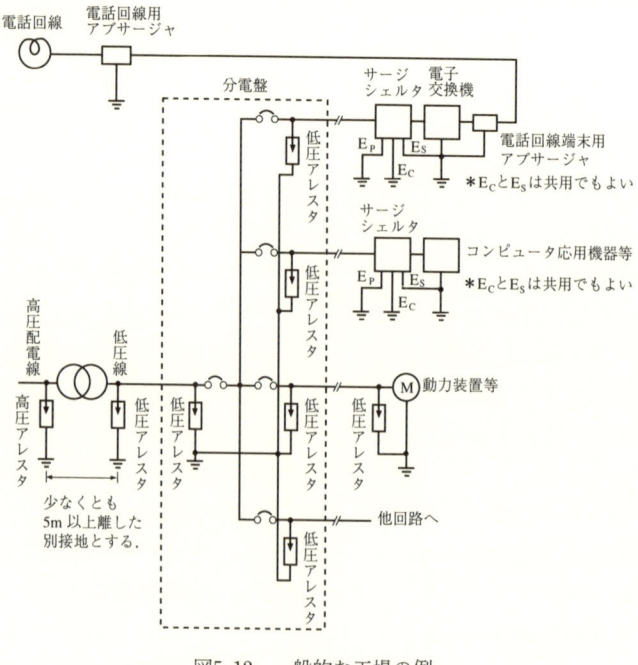

図5・12　一般的な工場の例

5・3 半導体設備

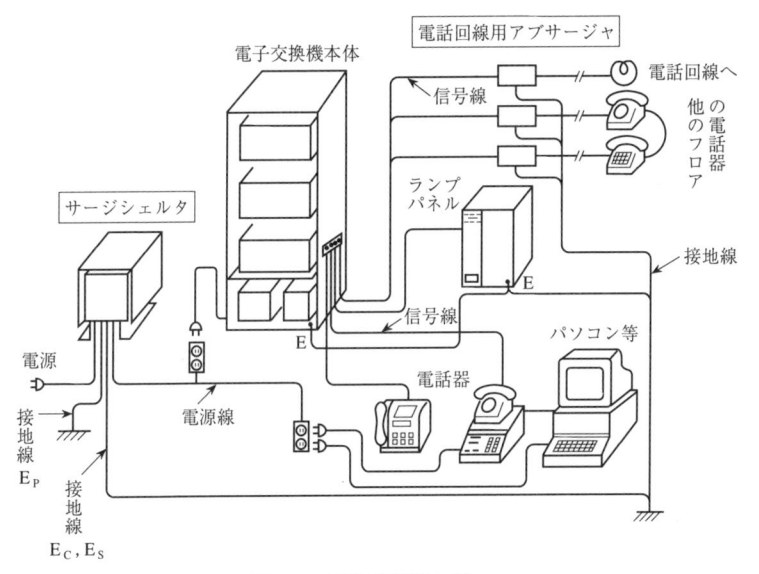

図5・13 電子交換機の例

高圧受電箇所には定格電圧8.4kV，2500Aの避雷器を設備する．

低圧側，コンピュータおよび電話回線の電源側には絶縁変圧器を設け，電話回線端末にはアブサージャを設備する．とくに電子交換機およびコンピュータのような半導体を使用した機器では，雷サージ侵入側と負荷側とを絶縁分離し，機器の雷サージに対しての耐雷対策を十分に行う．

(i) 電子交換機　　図5・13に示す．

電源から侵入する雷サージは絶縁変圧器で保護する．

また，信号線から侵入する雷サージは電話回路用アブサージャで保護する．

とくに電子交換機に接続されたパソコン等の機器を保護するため，

各機器の電源と接地をそれぞれ共通にし，各機器間の電位を同電位にするとともに大きなサージ電流が流れる E_P 接地を各機器とは別にすることが重要である．2箇所の接地がとれない場合でも，接地点までは E_P 接地と機器接地とは別配線とすることがサージ対策上有効である．

(ii) ファクシミリ　　電源側には絶縁変圧器（サージシェルタ）を使用し，電話の信号回路には電話回路用アブサージャを使用する．この一例を図5・14に示す．

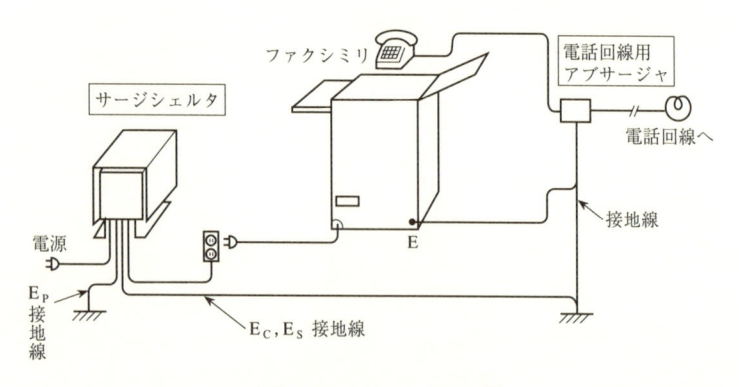

図5・14　ファクシミリの例

(iii) インターホン　　電源側には避雷器(アレスタ)，信号線には信号回線用アブサージャを使用する．
その一例を図5・15に示す．

(iv) 放送設備　　電源および信号線ともにアレスタを使用する．外部信号線（タイムレコーダの接点信号等）で定時放送される場合には，この信号線についてもアレスタを使用して保護する．その一例を図5・16に示す．

5・3 半導体設備   137

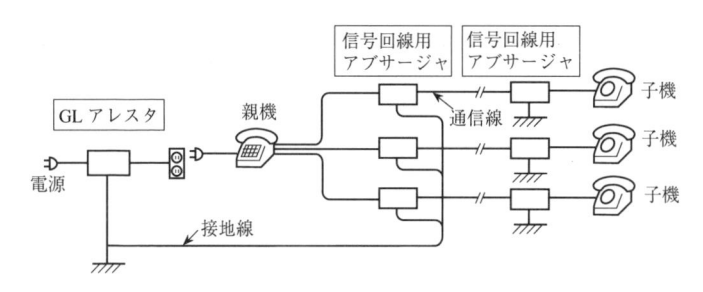

図5・15 インターホンの例

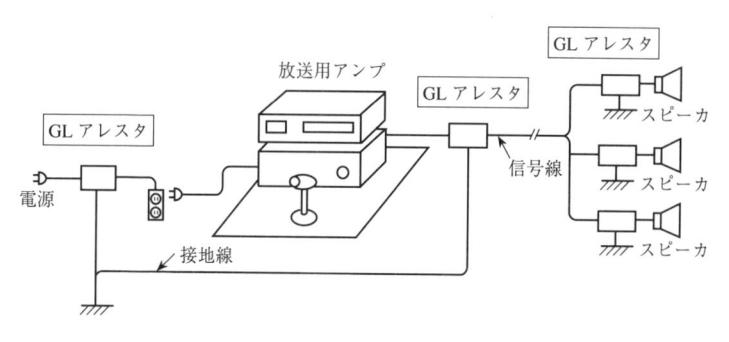

図5・16 放送設備の例

(v) 火災報知設備　電源側にはサージシェルタを使用し，電話の信号回路には電話回線用アブサージャを使用する．その一例を図5・17に示す．

とくに山間部などの雷の多い場所において，複数の建物にわたって感知器が設置されている場合，信号線にはアブサージャのみでなくアレスタとの併用が必要である．

(vi) 設備配置　落雷電流，送電系統の事故時や不平衡による電流，その他の接地系の電流はすべて大地を共通にして流れる．とく

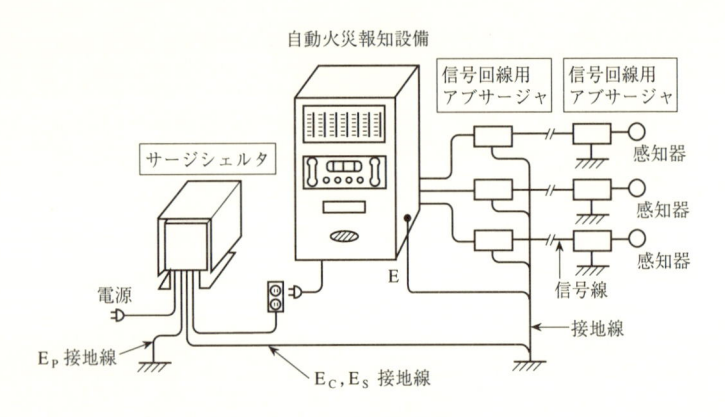

図5・17　自動火災報知設備の例

に低電圧系統ではこれらの影響を受けやすい．この電流はそれぞれの接地点より大地に向かって流入する方向に流れ，また大地自身は半導体であるので，各々の接地極より流入していく方向を踏まえ，

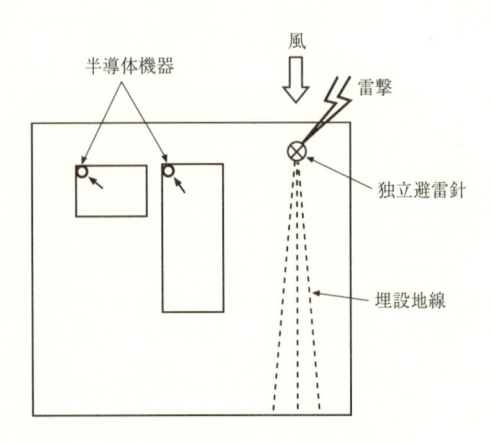

図5・18　雷電流の流れを考えた耐雷対策

それと干渉の少ない方向に少し間隔を持たせるように配置する．図5・18は日本海側に多発する冬季雷に対する耐雷対策の実施例である．すなわち，避雷針に落雷し大地に流れる雷サージ電流は，雷雲の長さ方向である風上，風下の方向に主成分が流れる．

したがって，建物とは接近しないように避雷針の方向を避けて矢印の方向に重要設備を配置し諸配線なども直角の方向にとり誘導を受けにくくすることが好ましい．または，逆にそれらを考慮して避雷針を配置することが効果的である．

6. 雷の観測

電力設備，通信設備などを雷による被害から防止する研究で，最も重要なことは雷の性状をつかみ，その性質がどのように影響を及ぼしているのか解析し対策を確立することである．このためには雷観測が非常に大切になってくる．一方，雷放電の研究では観測地点と観測時間の選定の適否と，観測装置の優劣が，そのまま研究成果を左右する場合が多い．したがって新しい構想の装置を開発することが重要である．しかし現在使用されている装置は，原理は古いものと同じで，ただ科学技術の進歩に伴い装置の時間分解能や信頼性が向上したというものが多いようである．

6・1 観測装置

雷の観測の目的ごとに観測装置を分類すると，たとえば表6・1のようである．

同表より雷の性状を明らかにしようとするもの，落雷後の雷サージの伝搬状況を明らかにしようとするもの，および雷の発生状況(移動状況)を明らかにしようとするものになる．

また雷観測を内容別に分けると直接測定法と間接測定法になる．直接測定法は雷性状を直接測定することに対し，間接測定法は観測データをもとにしてモデルから測定する方式であり，詳細なデータを得て解析するにはモデルの妥当性の検討などが十分にされていなければならない．

しかし，雷はいつ，どこに発生するか予測することがむずかしく，

6・1 観測装置

表6・1 雷観測装置の分類

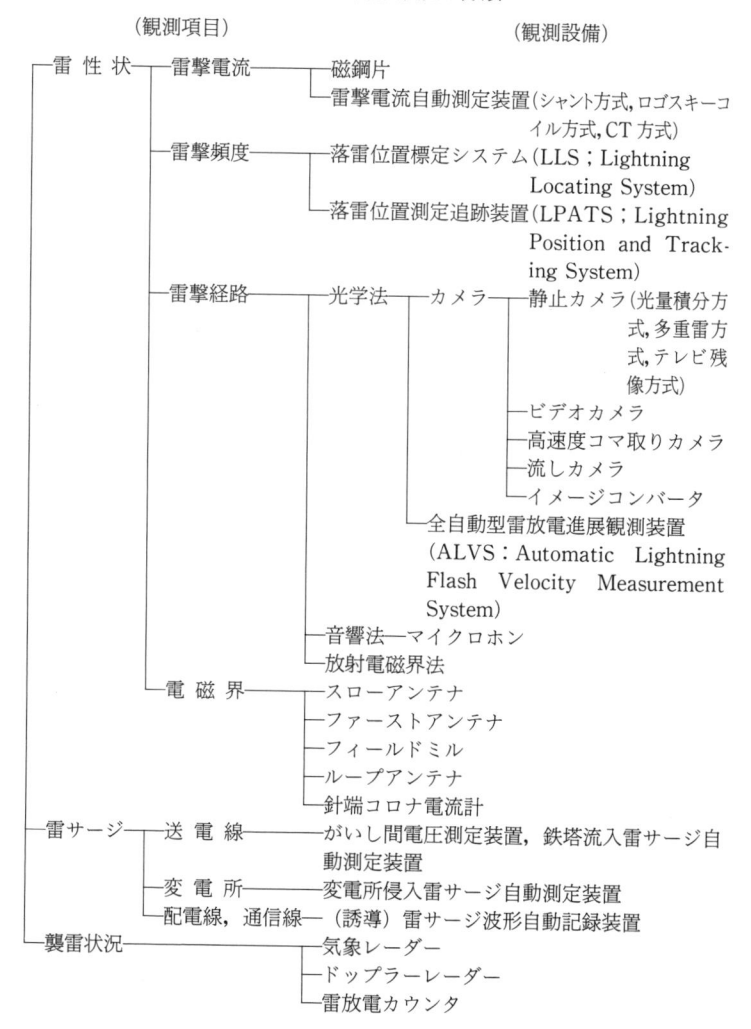

```
（観測項目）                              （観測設備）
┌雷性状──┬雷撃電流──┬磁鋼片
│        │          └雷撃電流自動測定装置(シャント方式,ロゴスキーコ
│        │                                 イル方式,CT方式)
│        ├雷撃頻度──┬落雷位置標定システム(LLS；Lightning
│        │          │                     Locating System)
│        │          └落雷位置測定追跡装置(LPATS；Lightning
│        │                                Position and Track-
│        │                                ing System)
│        ├雷撃経路──┬光学法──┬カメラ──┬静止カメラ(光量積分方
│        │          │        │          │             式,多重雷方
│        │          │        │          │             式,テレビ残
│        │          │        │          │             像方式)
│        │          │        │          ├ビデオカメラ
│        │          │        │          ├高速度コマ取りカメラ
│        │          │        │          ├流しカメラ
│        │          │        │          └イメージコンバータ
│        │          │        └全自動型雷放電進展観測装置
│        │          │          (ALVS：Automatic Lightning
│        │          │          Flash Velocity Measurement
│        │          │          System)
│        │          ├音響法──マイクロホン
│        │          └放射電磁界法
│        └電磁界──┬スローアンテナ
│                  ├ファーストアンテナ
│                  ├フィールドミル
│                  ├ループアンテナ
│                  └針端コロナ電流計
├雷サージ─┬送電線────がいし間電圧測定装置, 鉄塔流入雷サージ自
│         │            動測定装置
│         ├変電所────変電所侵入雷サージ自動測定装置
│         └配電線,通信線──(誘導)雷サージ波形自動記録装置
└襲雷状況──┬気象レーダー
            ├ドップラーレーダー
            └雷放電カウンタ
```

また非常に短時間の現象のため,効率的に観測データを集めようとすると間接測定法を用いることになる.その一例として,

　直接測定法:磁鋼片,シャント抵抗,落雷電流自動測定装置,カメラなど.

　間接測定法:LLS,スローアンテナ,気象レーダーなど.

そこで,これら代表的な観測方法および観測装置について,その概要を説明する.

(1) 磁鋼片法

この磁鋼片を用いた放電電流測定装置は,構造が簡単で取扱いが容易であり,価格も安いので,古くから多数使用されている.

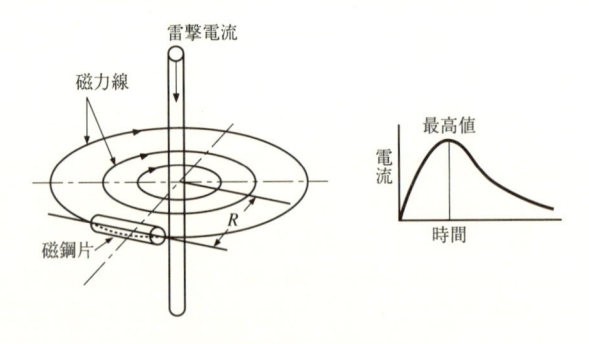

図 6・1　磁鋼片形サージ電流計原理図

これは図6・1に示すように導体に雷撃電流が流れると,導体のまわりに衝撃的に磁界が発生し,導体の近傍に設置された磁鋼片が磁化されるので,この残留磁気を測定すれば,導体に流れた雷撃電流の波高値を知ることができる.

(2) シャント抵抗法(同軸分流器法)

このシャント抵抗器は電流変化の高周波分まで測定するため,抵

6・1 観測装置

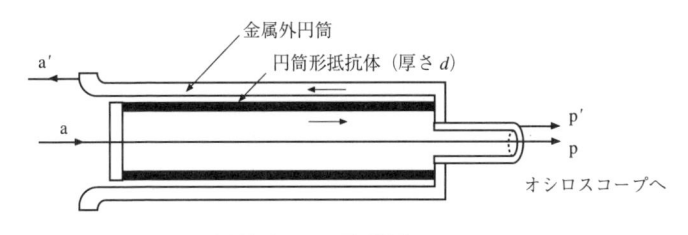

　　　　　　　　　金属外円筒
　　　　　　　　　円筒形抵抗体（厚さ d）

aa′：電流端子，pp′：電圧端子

図6・2　同軸シャント構造

抗器は浮遊容量や誘導成分をできるだけ少なくした同軸シャント構造としている．

その一例を図6・2に示す．

(3) カメラ

昔から電光の写真撮影が行われてきたが，最近では，このほかにビデオカメラ，光電管，ホトダイオードなどが使用されるようになってきた．このような光学観測は通常は地上で行われるが，アメリカでは航空機，人工衛星を利用して雲の上からも観測を行っている．落雷点の標定，電光の送電鉄塔への侵入角の観測などの目的のため，電光の静止撮影がフィルムカメラや，ビデオカメラで現在も盛んに行われている．しかし落雷は自然現象であるため，いつ，どこに発生するのか予測することはほとんど不可能であり，また非常に短時間の現象のため市販のカメラで自然雷をそのまま撮影することは非常にむずかしい．現在までにいろいろと開発された雷撃自動撮影装置には，光量積分方式，多重雷用カメラ，テレビ残像方式，簡易形ストリークカメラなどがある．

(4) 落雷位置標定システム（LLS）

1箇所での電磁界変化や電界変化の性質から落雷距離を推定する

方法のものが提案されているが，いずれも誤差が大きく，1地点での正確な位置測定は非常に困難である．

そこで，多地点からの電磁界変化からの観測により落雷位置を標定する方式の一つとして，このLLSがある．

このLLSはアメリカのLLP社によって開発されたシステムで，広範囲の地域で発生する落雷の頻度およびその電流値と多重度を観測できるため，世界各国で数多く使用され，日本国内でもすでに使用されている．

(a) **システムの構成** このシステムは，①方向探知局（DF局），②伝送装置，③位置解析器(PA)，④データ処理装置で構成されている．

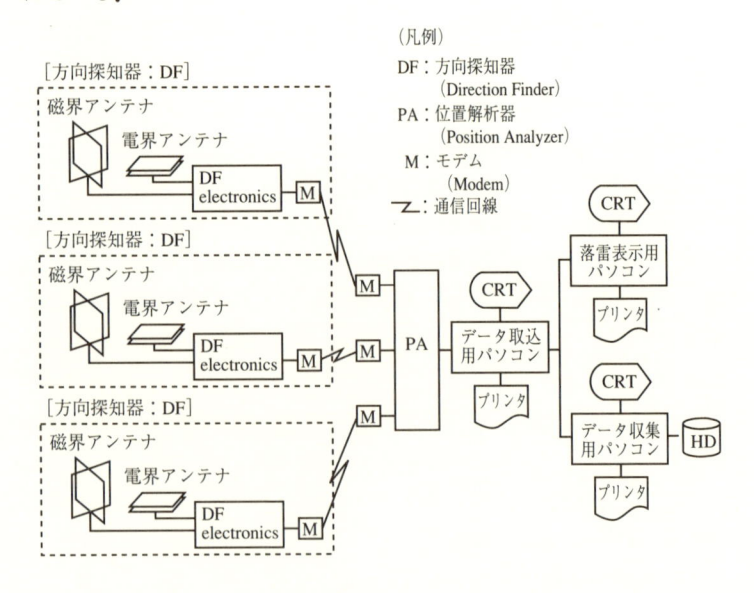

図6・3 落雷位置標定システムの基本構成図

6・1 観測装置

図6・3のように1システム当たり,通常3台の方向探知器と1台の位置解析器,データの収集および表示装置から構成されている.

方向探知器 (DF) は磁界アンテナ (直交ループアンテナ),電界アンテナおよびDFelectronicsからなり,磁界アンテナにより方向とその強さを,また電界アンテナにより極性を検出している.またDFelectronicsは雷放電および雑音から落雷電流波形だけを識別し,位置解析器 (PA) まで通信回線により信号を送っている.一方PAは複数のDFの信号をもとに,リアルタイムに落雷位置,雷撃電流値,多重度を計算し,アウトプットする.

(b) **システムの標定原理** 直交ループアンテナは正確に東西および南北を向け,落雷に伴って発生する電磁波によって,それぞれのループアンテナに誘起電圧を発生する.この電圧の比と電界アンテナにおける電界変化から,落雷点の方向が求められる.図6・4のように幾何学的に落雷点を決定できるため,PAでリアルタイムの計

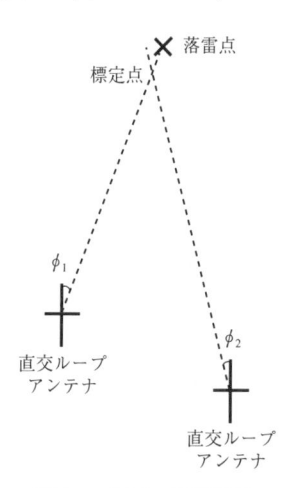

図 6・4 LLSの標定原理

算を行っている．

　落雷点の標定は2箇所のDFからの信号でよいため，3箇所のDFで検出された場合は信号強度の大きい（落雷点に近い）二つのDFの信号をもとにして位置決定がなされる．またDFは雷放電および雑音信号のなかから落雷による信号だけ識別しているが，この方法としてはDFに入力されてくる電磁界変化のうち，立上り時間，減衰時間，セカンドピーク，両極性振動などをもとに行っている．

　一方，落雷電流の大きさは，下式をもとに決められており，直交ループアンテナの磁界強度から次式により換算して計算される．落雷電流の波高値 I_{peak} は，

$$I_{peak} = (2\pi CD/\mu v) \cdot B_{peak}$$

ここで，C；光速
　　　　D；落雷点までの距離
　　　　μ；真空中の透磁率
　　　　v；リターンストロークの速度
　　　　B_{peak}；落雷による磁界強度の波高値

(c) **検出性能**　　実際にあった落雷に対する落雷位置標定システ

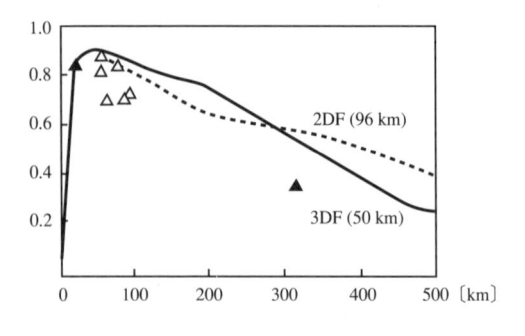

図6・5　LLSの検出効率

ムが標定した割合を検出効率といい、アメリカのオクラホマのこのDFで検出された結果は図6・5のとおりであったと報告されている。

この図より検出効率はDFからの距離が短いとオーバレンジにより低くなり、距離が長いと雷からの電磁波の減衰により徐々に低下する傾向にあり、最大検出効率は90%程度であった。日本における落雷位置標定システムの検出効率は明確に測定され解析された事例が少なく明らかでない。

特に日本の冬季雷の場合、雷撃電波形が識別条件にあわないものが数多く報告されているため、かなり低くなるものと思われる。

LLSでの基本的な問題として方位誤差による標定誤差がある。つまり方位誤差として偏波誤差、サイト・エアがあげられるので注意しなければならない。

偏波誤差とは測定する電波の電界が大地に対して垂直でないと、ループアンテナの水平部分にも起電力が発生し、測定値に誤差が生じる。

したがって垂直成分のみを受信する目的でアドユックアンテナと呼ばれるアンテナがある。

(5) 落雷位置測定追跡装置(LPATS)

LLSの基本的問題点として方位誤差による標定誤差がある。この方位誤差からのがれるための手段として電波航法の一種であるロラン航法の原理を応用したものがLPATSである。2地点で雷放電からの電波を受信し、その到達時間差を測定すれば、この到達時間差を一定とした双曲線上で雷放電は起きたことになり、もう1地点受信点を設け、やはり同じような双曲線を描けば、二つの双曲線の交点が落雷点となる。

アメリカではLPATSと呼ばれている。

LPATSの基本システムを図6・6に示す。

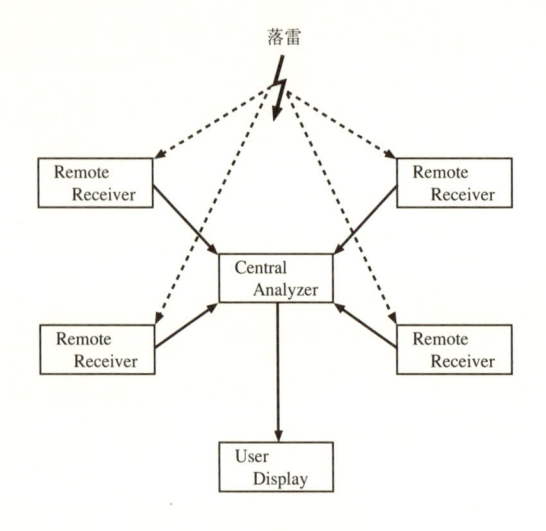

図 6・6　LPATSの基本システム

(6) 全自動形雷放電進展観測装置

従来の回転カメラなどを使った有人観測により行われてきたが，最近は光計測を応用した無人観測による本装置が，㈳電力中央研究所で開発され観測に利用されている．

本装置は，図6・7に示す基本構成になっている．

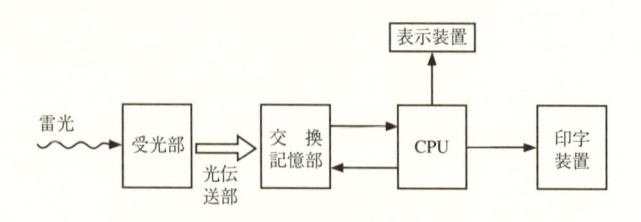

図 6・7　全自動型雷放電進展観測装置の基本構成図

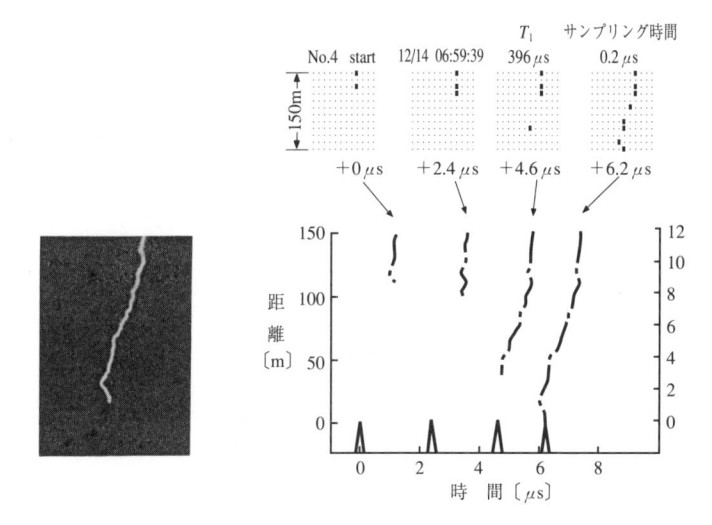

図 6・8　放電進展状況測定例
　　　　（中能登変電所マイクロ塔，1985 年 12 月 14 日，6°59′）

　この装置は，発光波形の記録はできないがホトダイオードをマトリクス状に配置（図6・8の上図）しているため枝分かれの時間間隔がわかることになり，時間分解された出力図を見ることにより概略の雷撃経路および進展速度の計測が可能である．周辺装置にはパーソナルコンピュータを用いているが，本体の一次記憶装置，データのディスケット，二次記憶装置への転送，ディスプレイ装置へのデータ表示，プリンタへのデータ打ち機能を有している．

(7) 音響法（マイクロホン）

　低周波マイクロホン（周波数帯域0.1～500Hz）を用いて電撃経路を測定している．雷鳴測定用のマイクロホンを数 m から数十 m 離れて正三角形に 3 個のマイクロホンを設置する．マイクロホンと針

端コロナ電流計の出力は，20dB増幅された後データレコーダに記録され，パーソナルコンピュータでディスクに転送される．

音源の方向は，3個のマイクロホンに到達する雷鳴信号の時間差から決まり，距離は針端コロナ電流の変化と雷鳴信号の到達時間差から求める．

この音響法は非常に簡単な観測設備により写真で撮影できない雲内の放電路を三次元的に再現できるのが特長であり，マイクロホンを用いたシステムを図6・9に示す．

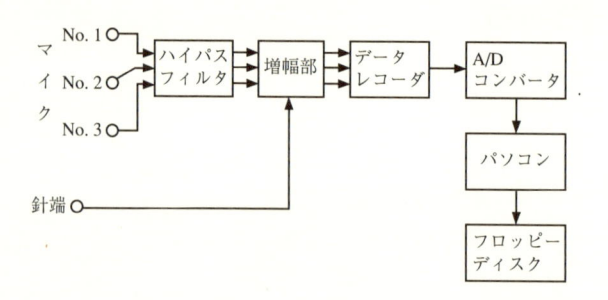

図6・9　マイクロホンによる放電路測定システム構成図

(8) スローアンテナ

静電アンテナと増幅器を組み合わせた方法が利用されている．

記録できる周波数帯域は0.1Hz～数kHzで，最大感度数V/mのものが一般に使われている．この計測結果を利用して大地落雷と雲放電の判別，極性，多重度，継続時間などに関する解析がなされている．

アンテナとしては，直径数十cmの金属円板を地上数十cmの位置に水平に置いたものを使用することが多い．多点同時観測を行え

ば，放電により中和される雷雲内の電荷位置と電荷量を決定できる．

大地落雷に対しては，少なくとも4点，雲放電に対しては，少なくとも7点の同時観測が必要である．

図6・10にスローアンテナによる電界変化の測定回路を示す．

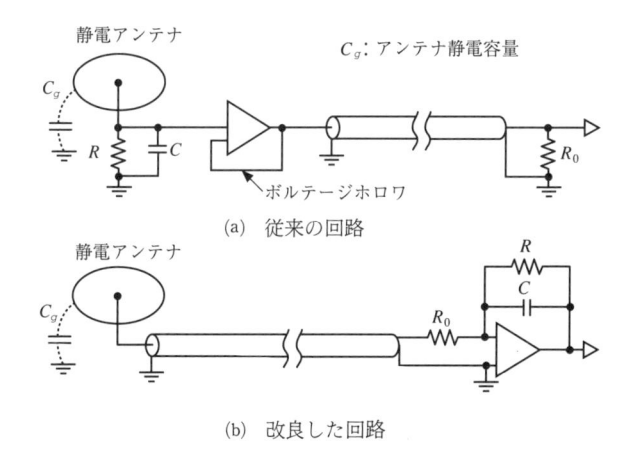

(a) 従来の回路

(b) 改良した回路

図6・10 アンテナによる電界変化の測定回路

(9) ファーストアンテナ

測定系はスローアンテナと同じ構成であるが，さらにループアンテナと積分器を組み合わせた磁界測定が同時に行われる場合が多い．

周波数帯域では数百 Hz～数 MHz のものが広く利用されている．広帯域のアナログ磁気テープ記録を用いれば，帯域 3 MHz 程度の記録が可能であるが，SN 比については，なお改善が望まれる．また波形記録装置とマイクロコンピュータとを組み合わせて，データを磁気ディスクに記憶させる方式も広く採用されている．この方式では波形記録の SN 比の改善が期待できる．測定システム例を図6・11

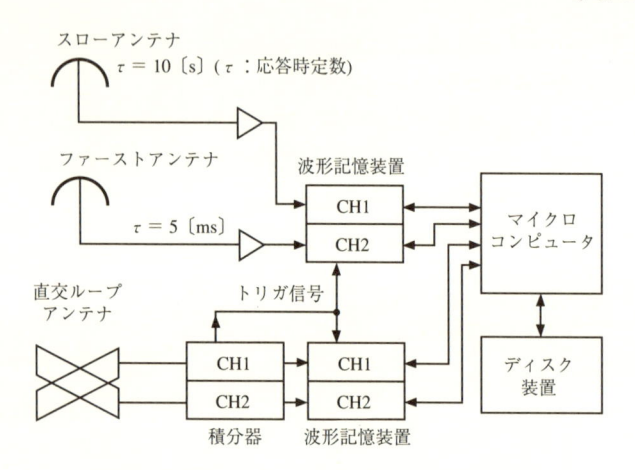

図6・11　雷放電による電磁界変化の計測システムの一例

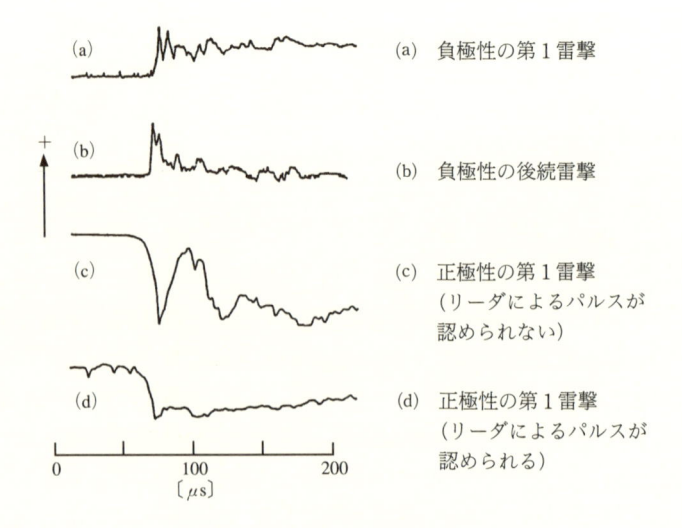

(a) 負極性の第1雷撃

(b) 負極性の後続雷撃

(c) 正極性の第1雷撃
（リーダによるパルスが認められない）

(d) 正極性の第1雷撃
（リーダによるパルスが認められる）

図6・12　落雷に伴う電界変化波形例

に，記録の一例を図6・12に示す．

(10) **フィールドミル**

回転する遮へい電極により感応電極を電界から周期的に遮へいして，感応電極表面上の誘導電荷密度の変化から電界を測定する方法，および二つの感応電極を電界中で回転させることにより生ずる誘導電荷の移動から電界を測定する方法である．

図6・13は前者の回転する遮へい電極による方法を示す．

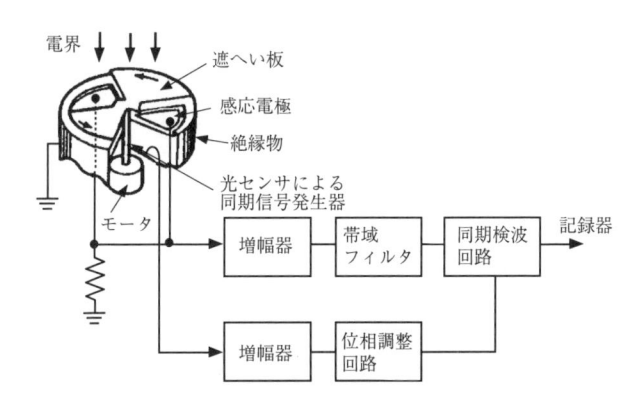

図 6・13 回転電極形電界計の構成

フィールドミルは時定数が無限大のアンテナであるので非常に遅い電界変化まで測定できる．時間分解能は電極の数と回転速度により決定され，あまり高くすることができない．雷雲下で使用する場合，雨滴や汚れなどのため感応電極と大地間の絶縁抵抗が低下し，問題となる．これに対しては感応電極と大地との間に中間電極を設けた構造の全天候形のものが使用される．

夏季および冬季の測定例を図6・14に示す．

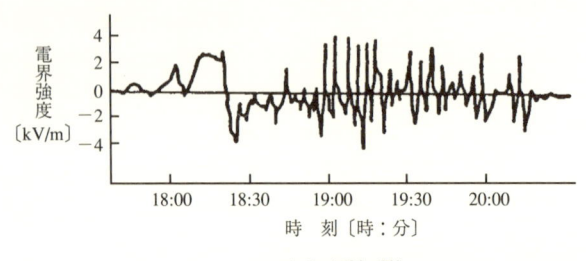

(a) 夏季（愛知県）

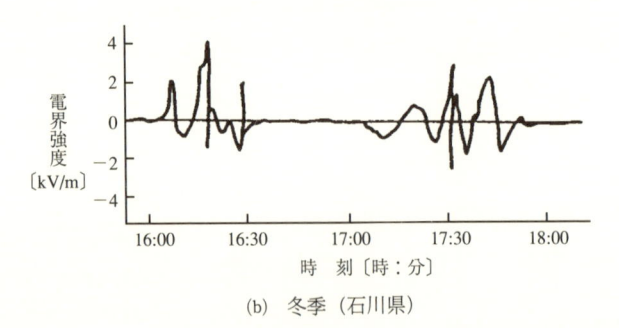

(b) 冬季（石川県）

図 6・14 雷雲下の典型的な地上電界

(11) 針端コロナ電流計

 強い電界下に置かれた針端からはコロナ電流が流れる．地上高 5 m に設置した先端曲率半径が 0.5mm の針端から流れるコロナ電流と電界との関係を図6・15に示す．

 コロナ電流 I と電界 E との間には，$I = a(E^2 - E_c^2)$ の関係が成り立つ．ここで，a は定数，E_c はコロナ開始電界である．この関係式からコロナ電流を測定して電界が求まる．

 冬季，北陸で得られた針端コロナ電流の測定結果を図6・16にフィールドミルによる地表電界計測結果とともに示す．なお同図に針端

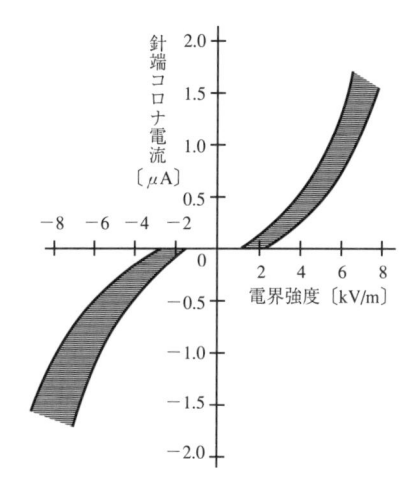

図 6・15　針端コロナ電流と電界の関係

電極の地上高がパラメータとして示してある．地上電界が小さいとき，低い地上高の針端は，コロナ開始電界以下のためコロナ電流は流れていない．地上高の増大とともにコロナ電流の変化はフィールドミルの電界の変化に似てくることがわかる．

(12) 気象レーダー

気象レーダーは電磁波を用いて物質あるいは物体を遠隔から検知するとともに，その場所までの距離を同時に測定する装置がある．

これは，波長が3.2cm，5.7cm，あるいは10cm のマイクロ波を細かいビーム（1.3～1.7度の円錐体）のパルスにて発信させる．このマイクロ波のパルスは，雲内の雨粒によって散乱される．

この散乱された弱いパルスをアンテナでとらえ，パルス発信してから受信までの時間を測定して距離を求める．

また受信したパルスの強度（レーダーエコー）は雨粒の半径の6

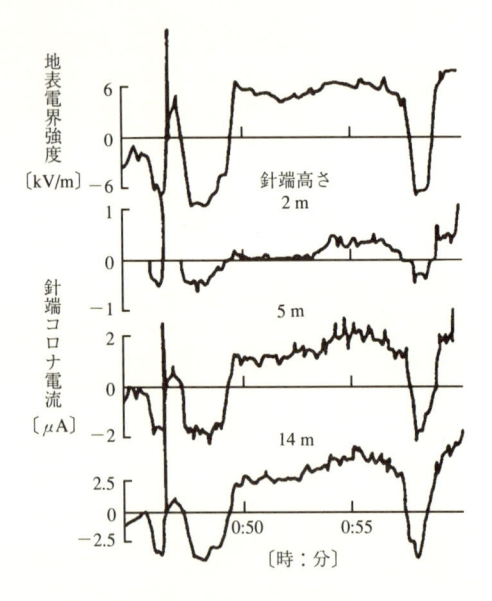

図6・16 高さの異なる針端からのコロナ電流と地表電界の変化

乗と粒子の総量に比例するため,レーダーエコーの強さから降水強度を推定することができる.

レーダーシステムは図6・17に示すようにマイクロ波のパルスを送受信するレーダー部,信号処理部および表示部から構成される.

雷を発生させる積乱雲内では強い上昇気流に伴い,発達過程においては雲頂高度が10km以上にもなる.そのなかでは,雨,氷,ひょうなどが降っているので,特定の高さ(4km,7kmなど)におけるレーダーエコーの強さから雷雲の規模,強度の判定を行っている.

なお積乱雲のなかの降水粒子群の動きを測定するためには,ドッ

6・1 観測装置

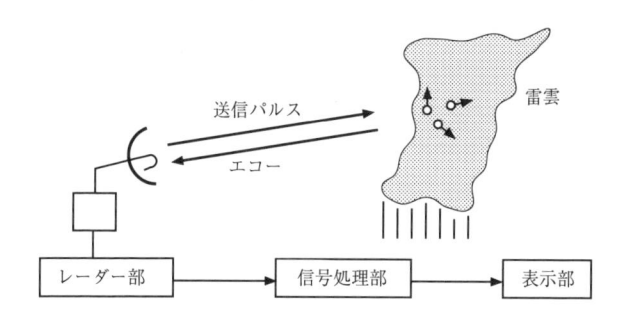

図6・17 レーダーシステム構成図

プラーレーダーが使用されている．これは，降水粒子がレーダービーム方向の速度成分をもっているとき，送信電波の周波数と反射電波の周波数がドップラー効果により，異なることを応用している．

このドップラーレーダーを3台以上使用して雲中の降水粒子群を同時に測定すれば，粒子群の速度の3成分を求めることができるので適当な仮定をすれば雲中の粒子群の動きを観測できることになる．

(13) 襲雷警報システム

電力系統における襲雷，警報装置は種々のものが開発されている．

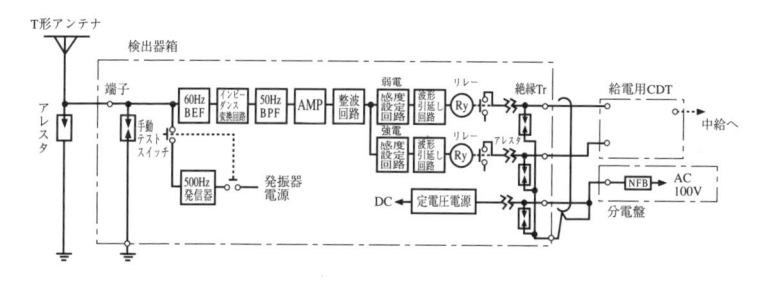

図6・18 中国電力発雷警報装置システムブロック図

(a) **発雷検出システム**　発雷検出システムおよび発雷警報装置は雷放電による電界変化を CIGRE 形雷放電カウンタ（リング形アンテナ，T 字形垂直アンテナ）により検出し，発雷警報を発するものである．その一例のブロック図を図6・18に示す．

(b) **配電線襲雷警報システム**　配電線に雷雲が接近し，雷放電あるいは落雷などが生ずると配電線に雷サージが発生するが，その値および頻度があるレベル以上になると配電線故障発生の可能性が大きくなる．

その一例の図6・19は配電線自体を雷に対してアンテナとして利用するもので，各変電所で収集された情報が中央局に送信され，集約された後各営業所などの襲雷警報表示盤にその情報を表示する．

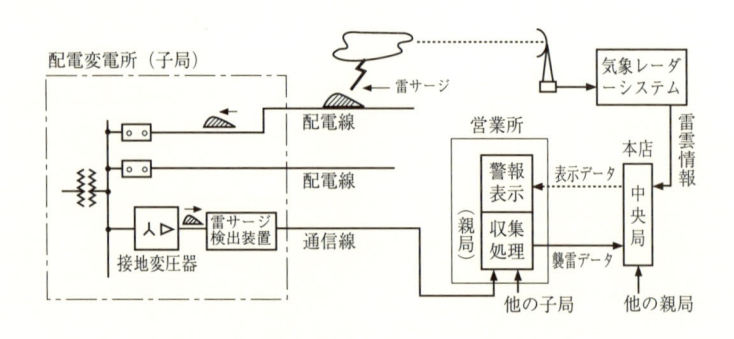

図6・19　配電線襲雷警報システムの構成（中部電力）

配電線の保守担当箇所においては，雷害の早期復旧を行うため，事前の準備体制を敷くのに利用されている．

6・2 誘雷による雷観測

(1) ロケット誘雷

　フランスやソ連ではひょうによる農作物への被害が大きな問題になり，このためひょうの成長を抑える目的で，雲へヨウ化銀のロケット弾を打ち込む方法が採られている．

　一方，雷観測の手段として雷雲へワイヤ付きの小型ロケットを打ち込んで，人工的に落雷を誘発して，落雷の研究に役立てようというものである．1960年にアメリカでまず行われ，その後フランス，日本などでも行われるようになった．わが国では名古屋大学ロケット誘雷グループが中心となって冬季雷に対して数多くの誘雷実験を行い，地上電界 5 kV/m を超えることをロケット発射条件とすることによって，高い誘雷確率を得ている．夏季雷に対しては雷雲の高度が高いため，わが国では一度も誘雷に成功していない．図6・20に示すように接地された鋼線を引き上げるロケットを雷雲に打ち込ん

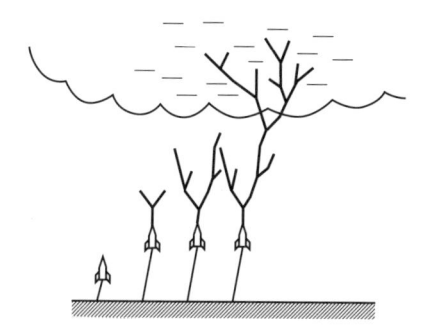

　　ロケットがある高さ（日本の冬では，およそ200メートル
　ぐらい）になると，ロケット先端から放電がはじまる．

　　　　　図6・20　ロケットによる人工誘雷

で，ロケットの先端に強い電界ができる．

そこから上向きのストリーマが発生し，先駆放電が雷雲へ向かって進むことになる．放電の形態は，雷雲からの先駆放電ではじまる落雷とは異なるが，最終的には雷雲の電荷が地面に運ばれる．このロケット誘雷実験では，落雷の場所と時間を制御できるところに大きな利点があり，落雷電流の直接測定や高速カメラによる電光の撮影などが行われる．

(2) レーザ誘導

強力なレーザ光ビームを長焦点レンズで絞ると，焦点付近を中心に空気の電離が爆発的に起こり，プラズマの数珠玉ができる．

たとえば炭酸ガスレーザの$10.6\mu m$の波長の赤外線では，$10^8 W/m^2$以上で空気が電離する．この数珠玉で雷放電を誘導しようとするものであるが，現実の雷の誘導に現在まで成功した例はない．

実際の誘雷には100m以上のプラズマを作る必要があり，図6・21に示すように，いくつかのビームを組み合わせるなど種々の提案が

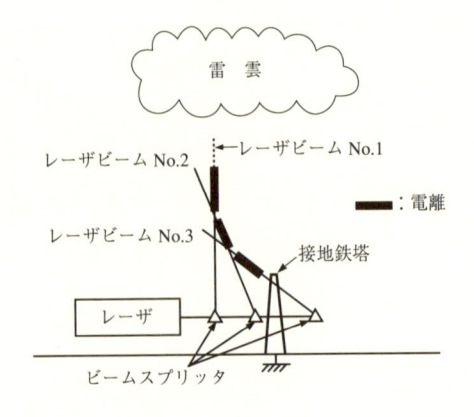

図6・21 多重ビーム方式によるレーザ誘雷の構想

ある．レーザの出力は 1 kJ 級，ピークパワーが10GW 級の巨大装置が必要であるといわれている．

　以上は地上での観測について述べたが，その他雷観測の方法は航空機やバルーンによる対流圏の空中で行うもの，超高層航空機や人工衛星からの成層圏より上空より行うものなどがあるが，ここでは省略する．

7. これからの展望

　開閉サージの被害防止の究明にはサージ解析，たとえば計算盤法，TNA法およびEMTP法の手法によるサージ解析が可能で，それを基礎に機器の改良あるいは系統の改善などにより減少させることは可能である．

　一方，雷サージについては，近年多くの雷観測計法が開発され，今後もさらに改良され世界各地の広い範囲にわたり雷観測システムとしてデータが集積されるであろう．

　しかし自然現象である雷雲の発生，雷放電は1回ごとにその諸量が異なるとともに，その特性も地域や季節によって差異がある．また，雷サージ解析は雷観測データをもとにモデル化など多くの仮定のもとに現在行われているが，実際の現象との相違が見られる．

　今後，さらに観測データの集積により現象との相違が近づいていくものと考えられる．

　しかしながら，雷そのものが自然現象である以上，完全に現象を把握することは不可能に近く，雷による地上施設や各種の装置の雷による被害を完全になくすることは永遠の課題である．

　今後，観測データ，被害状況および新理論をもとにして，できるだけ被害を少なくするための予測保全を含めた防止対策が必要ではなかろうか．

〔参考文献〕

(1) 竹内利雄；「雷放電現象」1987.7,名古屋大学出版会.
(2) 監修・上之園親佐；「雷その被害と対策」1988.7,音羽電機工業㈱.
(3) 「電気工学ハンドブック・新版」昭和63.2,電気学会.
(4) 「テクノシステム」1984.8,電気書院.
(5) 「電気協同研究 第40巻第6号 配電線雷害対策」昭和60.2,電気協同研究会.
(6) 今井,他；「No.1221 低圧配電線に発生する雷過電圧の観測」平成元年電気学会全国大会,電気学会.
(7) 佐藤正治；「電気通信設備の雷による被害とその対策」1990.6,電気評論社.
(8) 「技術報告 II部第207号,酸化亜鉛形避雷器の適用」昭和61.1,電気学会.
(9) 「配電線耐雷設計ガイドブック」昭和51.3,電力中央研究所.
(10) 「電中研報告 配電系統用限流ヒューズの動作過電圧と避雷器の動作責務」昭和50.4,電力中央研究所.
(11) 「発変電所雷事故統計委員会報告」平成2.電力中央研究所.
(12) 井上敦之,他；「雷は厄介者 送配電線における雷害対策」平成2.1,110巻1号,電気学会雑誌.
(13) 井上敦之；「架空送電線の雷事故実績と対策」開閉保護装置研究会 SPD-90-7,1990.2,電気学会.
(14) 浅野尚；「電力系統の信頼性」平成2.2,電気設備学会誌.
(15) 横山茂；「架空配電線路の雷による被害およびその対策」1990.6,電気評論.
(16) 「高圧受電設備指針(改定版)」平成2.11,日本電気協会.
(17) 木谷芳一；「電力施設の雷害防止とその設計」昭和40.1,電気書院.
(18) 東松孝臣；「配電系統」昭和51.7,電気書院.
(19) 宮崎光夫；「1-1-3 電力通信設備の雷保護 平成元年電気・情報関連学会連合大会」電気学会,その他学会共催.
(20) 「ローカル給電された宅内通信機器の雷防護に関する研究調査報告書」昭和63.3,ローカル給電された宅内通信機器の雷防護対策研究会.
(21) 「電気協同研究 第32巻第2号 低圧制御回路絶縁設計」昭和51.8,電気協同研究会.
(22) 「JEC-193-1974 試験電圧標準」電気学会電気規格調査会標準規格,電気書

院.

(23) 「JEC-210-1981 低圧制御回路絶縁試験法・試験電圧標準」電気学会電気規格調査会標準規格, 電気書院.
(24) 「電気設備技術基準 昭和61年改正」.
(25) 武居秀実, 他;「発変電所の雷による被害とその対策」1990.6, 電気評論.
(26) 「JEC-217-1981 酸化亜鉛形避雷器」電気学会電気規格調査会標準規格, 電気書院.
(27) 木村茂;「屋外設備機器のサージ対策」電磁環境工学情報誌 EMC.
(28) 岡重信;「各種避雷設備の適用法」1984.6, OHM, オーム社.
(29) 「JEC-203-1978 避雷器」電気学会電気規格調査会標準規格, 電気書院.
(30) 上野谷拓也;「通信装置の雷サージ防護技術」1989.9, 電気設備学会誌.
(31) 「電気学会 技術報告(II)部第278号 最近における雷研究の動向と問題点」昭和63.8, 電気学会.
(32) 井上敦之;「架空送電線路の雷による被害とその対策」1990.6, 電気評論.
(33) 大木正路, 他;「しゃ断器・避雷器」昭和44.10, 東京電機大学.
(34) 関東通商産業局公益事業部施設課「自家用施設の波及事故の原因と防止対策」1993.7, 生産と電気ほか㈳日本電気協会.
(35) 電気学会技術報告第474号「酸化亜鉛形避雷器の特性と評価試験法」1993.12, 電気学会.

付録 関連製品

1 交流線路用オトワGLアレスタ(公称放電電流2500A)

2 交流発変電所用オトワGLアレスタ(公称放電電流5,10kA)

公称電圧〔kV〕	避雷器定格電圧〔kV〕	代 表 的 製 品 写 真	
3.3	4.2	標準用	
6.6	8.4	耐塩用 / 屋内用キュービクル用	8.4kV 屋内用(5kA) / 8.4kV 標準用(10kA)
22	28		
33	42	標準用	42kV 標準用(10kA)

3 直流電車線用オトワGLアレスタ

公称電圧 〔V〕	定格電圧 〔V〕	代 表 的 製 品 写 真
600	750	
1 500	1 800	1 500V 用

4 直流車両用オトワGLアレスタ

定称電圧 〔V〕	定格電圧 〔V〕	代 表 的 製 品 写 真
750	1 050	
1 500	2 100	1 500V 用

付録　関連製品

5　交流低圧電源用アレスタ（公称放電電流 1500A）

公称電圧〔V〕	定格電圧〔V〕	適 用 用 途	代 表 的 製 品 写 真
100	110	①低圧配電盤および低圧回路の保護 ②コンピュータ，その他電子関係機器の保護 ③発変電所の制御通信回路の保護	PV-TF形
200	220	④テレビ，ラジオ等放送機器の保護 ⑤配電線取付各種自動制御機器の保護 ⑥避雷針設置場所附近の低圧引込口の保護 ⑦火薬等危険物貯蔵所の低圧引込口の保護	GL-L形 モールドタイプ形
400	450	⑧ダム，スプリンクラー等の屋外制御回路の保護 ⑨火災報知器回路の保護	GL-T形

6　制御電源回路用アブサージャ

適用電圧〔V〕	適 用 用 途	代 表 的 製 品 写 真
AC, DC 12	①工場内制御機器電源の保護 ②各種電源保護	SAタイプ　　SBタイプ
AC, DC 24		
AC, DC 48		

7 信号回路用アブサージャ

適用電圧〔V〕	適用用途	代 表 的 製 品 写 真
DC5	①計測機器の保護 ②制御機器の保護 ③アナログ信号伝送回路の保護 ④鉄道および道路信号装置の保護 ⑤火災警報器と感知器の保護 ⑥インターホンの保護 ⑦各種センサの保護	SAタイプ　　　SBタイプ
DC12		
DC24		
DC48		
DC65		

8 電話回線用アブサージャ

動作開始電圧〔V_{1mA}〕	適用用途	代 表 的 製 品 写 真
対地間　400V 線間　150V	一般公衆回路 (アナログ回路)	信号回路用アブサージャ　SAタイプと同形

9 電話回線端末設備用アブサージャ

動作開始電圧〔V_{1mA}〕	適用用途	代 表 的 製 品 写 真
対地間　360V 線間　150V	ファクシミリ, コンピュータ端末設備, 一般公衆回線, パソコン通信などの保護	ST形

付録 関連製品

10 サージ,ノイズ機器

電源容量〔kVA〕	適用用途	代 表 的 製 品 写 真
AC 1.5kVA以下 (テーブルタップ式)	パソコン,ワープロなどの電源回路,ライン回路などの保護	

11 サージ・シェルタ(絶縁トランス装置)

電源容量〔kVA〕	適用用途	代 表 的 製 品 写 真
AC0.5~50kVA 一次側 100Vまたは200V 二次側 100Vまたは200V サージ−60dB 以下	①無線中継所,変電所などの電源機器およびコンピュータ,テレメータの保護 ②河川管理用の水位計,流量計,テレメータの保護 ③雷害多発地区のコンピュータ関連機器の保護	

付録 関連製品

12 測定機器

品　　名	用 途 お よ び 特 長	製　品　写　真
サージ インピーダンス計 OIT-13形	①送電線の鉄塔，通信用アンテナの塔脚，避雷器，避雷針などの過渡接地抵抗値の測定 ②架空地線をはずすことなく接地抵抗値測定可能． ③ケーブル，電力機器のサージインピーダンス測定可能 ④指示はディジタルメータ式で直接抵抗値を指示し，ホールド ⑤小型軽量，取扱い簡単	
アレスタ試験器 AT-6D形	①交流6kV系統の避雷器の放電開始電圧を測定 ②放電動作表示はランプの点灯でわかる ③小型軽量，運搬，取扱いが簡単	
オトワ雷レーダー TA-2形	①発変電所，ゴルフ場，石油コンビナート，鉱山，隧道作業場，訓練場所などの場所 ②多数集まる場所	
サージカウント 記憶装置 SCM-1形	①避雷器の動作状況 ②その他雷サージ流入箇所での動作状況 ③襲雷の大きさ，回数，日時を記憶 ④襲雷時の動作極性の判別が可能	

~~~~~ 著者略歴 ~~~~~

橋本　信雄（はしもと　のぶお）

昭和7年3月生まれ．法政大学工学部電気工学科卒業．
音羽電機工業（株）にて雷および過電圧保護装置の研究，
開発に従事．取締役技術企画室長を歴任．
電気学会，日本電機工業会等の専門委員を歴任．

~~~~~~~~~~~~~~~~~~~~~~~~~~~~~

DSライブラリー　　　　　　　　　　　　Ⓒ　橋本　信雄　2000

雷とサージ
発生のしくみから被害防止まで

1991年7月15日　　　第1版第1刷発行
2000年1月25日　　　改訂第1版第1刷発行

著　者　橋　本　信　雄
発行者　田　中　久米四郎
発　行　所
株式会社　電　気　書　院
振替口座　00190-5-18837
〒151-0063　東京都渋谷区富ケ谷2丁目2—17
TEL (03)3481—5101(代)
FAX (03)3481—5414
http://www.denkishoin.co.jp/

ISBN4-485-57446-6　　　　　　　　　　　　松浦印刷
〈乱丁・落丁のせつはお取替えいたします〉
お電話によるご質問には，一切お答えできません．
FAXまたは，書面にて宜しくお願い致します．
〈Printed in Japan〉